西北内陆区水资源多维协同配置模型技术与应用

李丽琴　贺华翔　王婷　马真臻　编著

·北京·

内 容 提 要

本书在深入探讨水资源多维协同配置理论基础的前提下，阐述了水资源多维协同配置的基本概念、内涵及配置原则，构建了水资源多维协同配置模型，分析了水资源-经济社会-生态环境复合系统历史演变规律，设置水资源配置不同组合方案，通过长系列逐月调节计算和对比分析，获得水资源多维协同配置推荐方案。

本书可供水资源规划及相关领域的科技工作者、管理人员参考使用，也可供大专院校相关专业师生参阅。

图书在版编目（CIP）数据

西北内陆区水资源多维协同配置模型技术与应用 / 李丽琴等编著. -- 北京 : 中国水利水电出版社, 2024.7
ISBN 978-7-5226-2153-1

Ⅰ. ①西… Ⅱ. ①李… Ⅲ. ①内陆水域－水资源管理－研究－西北地区 Ⅳ. ①TV213.4

中国国家版本馆CIP数据核字(2024)第026988号

书　　名	**西北内陆区水资源多维协同配置模型技术与应用** XIBEI NEILUQU SHUIZIYUAN DUOWEI XIETONG PEIZHI MOXING JISHU YU YINGYONG
作　　者	李丽琴　贺华翔　王　婷　马真臻　编著
出版发行	中国水利水电出版社 （北京市海淀区玉渊潭南路1号D座　100038） 网址：www.waterpub.com.cn E-mail：sales@mwr.gov.cn 电话：(010) 68545888（营销中心）
经　　售	北京科水图书销售有限公司 电话：(010) 68545874、63202643 全国各地新华书店和相关出版物销售网点
排　　版	中国水利水电出版社微机排版中心
印　　刷	北京中献拓方科技发展有限公司
规　　格	170mm×240mm　16开本　10.75印张　170千字
版　　次	2024年7月第1版　2024年7月第1次印刷
定　　价	**68.00**元

前　言

水资源不仅是维系人类社会生存与发展不可替代的战略性资源，更是维持我国西北内陆生态系统稳定与演进关键的驱动因子。随着人类社会的不断发展壮大，对水资源的需求日益增强，引发西北内陆区“社会水循环通量”递增与“自然水循环通量”递减的二元特性，水资源从天然绿洲消耗为主转向以人工绿洲消耗为主的递阶式演变，生态系统呈现出人工绿洲生态系统持续扩张和天然绿洲生态系统不断萎缩“此消彼长”式演变过程。水资源优化配置和科学布局是解决西北内陆区人类社会发展进程中水资源短缺与生态失衡问题的关键。因此，如何在统筹考虑人类社会自律式发展和生态系统自适应性发展的基础上，通过科学配置水资源和优化产业布局，使水资源-经济社会-生态环境复合系统趋于有序性演化，是当前西北内陆区水资源研究的热点之一。

基于问题导向型的研究思路，本书将水资源-经济社会-生态环境复合系统作为研究对象进行整体研究，基于可持续发展理论、协同论及优化配置理论，将协同调控技术与优化配置相结合，分析和探讨水资源多维协同配置关键技术，基于西北内陆区水资源-经济社会-生态环境复合系统耦合作用关系，定量刻画多维协同配置的关键控制参量和序参量，以水资源-经济社会-生态环境复合系统的协同有序发展为目标，以关键控制参量和序参量为抓手，以多重循环耦合迭代技术为手段，构建西北内陆区水资源-经济社会-生态环境多维协同配置模型，并在西北内陆区塔里木河流域得到成功应用。本书主要研究成果如下：

(1) 在深入探讨水资源多维协同配置理论基础的前提下，阐述水资源多维协同配置的基本概念、内涵及配置原则，厘清“多维性”和“协同性”在水资源优化配置中的具体体现，进一步深入阐述水资源多维协同配置技术；基于西北内陆区水资源-经济社会-生态环境系统耦合作用关系，确定协同配置控制参量和序参量，提出多维协同配置概念模型，科学构建水资源多维协同配置技术框架。

（2）基于水资源多维协同配置技术框架，构建水资源多维协同配置模型，该模型由控制参量预测模块、优化配置模块和有序度评价模块三部分组成，以优化配置模块为核心，以控制参量和序参量为抓手，以多重循环耦合迭代技术为手段，以预测模块的控制参量为主要输入变量，将各子系统序参量融入水资源配置目标函数及约束条件中，以水资源-经济社会-生态环境复合系统的有序演化为总目标，运用有序度协同各序参量时空分布，通过模型多重循环耦合迭代计算，实现系统协同作用，使各子系统、各种构成要素围绕系统的总目标产生协同放大作用，最终达到系统高效协同状态，实现水资源-经济社会-生态环境复合系统的协同有序发展。

（3）以塔里木河流域为例，分析水资源-经济社会-生态环境复合系统历史演变规律表明：气候变化驱动西北内陆区水资源系统出山口径流量的增加，而经济社会系统耕地面积大规模无序扩张导致水资源系统消耗的水资源量远远超过经济社会系统节水灌溉所节约的水资源量，迫使生态环境系统所需的水资源量被大量挤占，从而导致生态环境系统失衡和恶性演变。

（4）基于塔里木河流域系统诊断和未来发展目标及用水需求，设置水资源配置不同组合方案，利用所构建的模型和研发的计算方法，通过长系列逐月调节计算和对比分析，获得水资源多维协同配置推荐方案。其中，在保守来水系列（1956—2000 年）条件下，2030 年多年平均需水总量为 170.86 亿 m^3，多年平均供水总量为 169.16 亿 m^3（其中，地表水供水量为 149.52 亿 m^3、地下水供水量为 16.17 亿 m^3、再生水供水量为 3.47 亿 m^3），多年平均用水总量为 169.16 亿 m^3（其中，生活用水量为 6.87 亿 m^3、工业用水量为 12.46 亿 m^3、农业用水量为 149.83 亿 m^3），缺水总量为 1.7 亿 m^3，缺水率为 0.99%。

到 2030 年，塔里木河流域实现累计新增节水灌溉面积为

1275.7万亩，累计退减农田灌溉面积为621.7万亩，累计退减国民经济用水量为74.62亿m^3，可实现水资源-经济社会-生态环境复合系统有序良性演化和高效协同状态。

本书是我们研究团队的集体成果，前期研究工作得到了“十三五”国家重点研发计划课题“西北内陆区水资源多维协同配置与安全保障体系”（2017YFC0404306）等多个研究课题的资助和支持。本书还吸取了王浩院士、邓铭江院士、冯起院士等前辈早期对西北内陆区水资源相关研究的成果，这些成果完善和丰富了本书的内容。

本书主要编写分工如下：李丽琴、马真臻、周翔南参与第1章和第2章编写，李丽琴、王婷、申晓晶参与第3章编写，李丽琴、贺华翔、王婷、马真臻、吴旭、魏曦参与第4章至第6章编写。参与编写的还有杨川、张建涛、徐凯、张经泾、谢新民、魏传江、龙爱华、张欣、王梦瑶、胡远航、王槿妍、吴寒晓、张岩、贾强等。全书由李丽琴负责统稿，贺华翔、王婷、马真臻校核。

感谢出版社工作人员为本书出版付出的辛勤劳动！感谢本书合作者和参与讨论的同行朋友的支持和帮助！因无法一一列出姓名，在此一并致谢。由于作者学识有限，有些观点或说法可能存在局限性甚至是错误的，恳请广大读者海涵和不吝赐教！

作　者

2023年5月

目　录

第1章 绪 论

1.1 研究背景及意义

我国西北内陆区地处E73°39′～E106°35′、N34°18′～N47°19′，主要分布在新疆、甘肃、宁夏、青海和内蒙古等省（自治区），幅员辽阔，资源丰富，但远离海洋，受海洋气流影响较小，大部分土地较为贫瘠，海拔为200～7440m，地形主要为高山（包括天山山脉和祁连山山脉）和盆地（包括准噶尔盆地、塔里木盆地、柴达木盆地），流沙严重，缺乏完整水系，总面积为336.23万km^2[1-2]，约占全国土地面积的1/3，年平均降雨量大多在200mm以下，是典型的干旱半干旱气候区，地表水资源和地下水资源分别仅占全国的3.3%和5.5%，内陆干旱区10%的绿洲资源养育了区内85%的人口和93%的GDP产出，生态环境极其脆弱。近年来，随着国家"一带一路"倡议的提出，该区域作为丝绸之路经济带核心区，战略地位重要，然而水资源短缺、生态环境问题严峻一直制约着内陆干旱区经济和社会发展[3-4]。干旱少雨，气候干燥，水资源紧缺，生态环境本底脆弱，生物多样性相对较低，是西北内陆区的典型特征。因此，水是干旱地区最为宝贵、无法替代和不可或缺的自然资源，是绿洲生命、生存和生产的基本前提条件。正是因为如此，使得西北内陆区发展与保护呈现出一些特殊性，如水资源紧缺性、生态环境脆弱性、农业灌溉对水的高度依赖性、生态与农业用水的强烈竞争性、保护与发展的强烈互斥性等。西北内陆区水资源系统独特，高山冰川—山地涵养林—平原绿洲—河流尾闾湖泊构成的内陆水文系统和相伴而生的生态系统[5-6]，在全球气候变化和日益增强的人类活动影响下，冰川融水、降水径流、蒸散发等水循环要素发生了显著变化，使得水资源与土地资源、粮食生产、能源开发、植被及尾闾湖泊生态系统服务等关联性也发生深刻变化，水资源安全与能源安全、粮食安全、生态安全之间相互耦合作用进一步趋向复杂[7]。随着国家西部大开发战略和“一带一路”倡议的实施，如何保障西北内陆区水资源安全是当前的热点之一[8]。

水资源是基础性自然资源和战略性经济资源，也是生态环境的控制性要素。西北内陆区面临着水土资源开发失衡、水盐关系失调、水生态环境退化、水资源供需矛盾突出等水资源问题，究其根源是由于水资源的时空分布不均和人类活动对水资源的过度开发与粗放利用，导致了水资源-经济社会-生态环境系统发展演化的无序和失衡。而经济社会持续高速发展以及气候变化的不利影响有可能使水资源-经济社会-生态环境系统的整体状况恶化，在一些地区产生严重的生态环境灾难，甚至引发水资源系统、生态环境系统乃至经济社会系统的崩溃。水资源情势、经济社会发展结构以及水生态环境状况均处于动态演变的过程，同时又相互作用、相互影响。因此，以习近平新时代中国特色社会主义思想为指导，牢固树立和积极践行“人与自然是生命共同体”“绿水青山就是金山银山”“在保护中发展，在发展中保护”的科学发展观，贯彻落实“节水优先、空间均衡、系统治理、两手发力”治水思路，将水资源-经济社会-生态环境复合系统作为研究对象进行整体研究，基于可持续发展理论、协同论及优化配置理论，将协同调控技术与优化配置相结合，分析和探讨水资源多维协同配置关键技术，基于西北内陆区水资源-经济社会-生态环境复合系统耦合作用关系，定量刻画多维协同配置的关键控制参量和序参量，以水资源-经济社会-生态环境复合系统的协同有序发展为目标，以关键控制参量和序参量为抓手，以多重循环耦合迭代技术为手段，构建西北内陆区水资源-经济社会-生态环境多维协同配置模型，以“十三五”国家重点研发计划课题“西北内陆区水资源多维协同配置与安全保障体系”（2017YFC0404306）为依托，开展该项研究使水资源子系统协调有序地服务于经济社会与生态子系统的协同可持续发展，缓解西北内陆区经济社会发展与生态环境保护之间的矛盾。

1.2 国内外研究进展

水资源配置是在统筹考虑流域或区域社会、经济、生态环境等多重目标的前提下，为解决区域间、代际间、不同用水户间的竞争性用水问题，对流域/区域有限可利用水资源进行重新分配的过程，其研究历程与人类社会、经济、科学技术水平等的发展息息相关。水资源配置在研究尺度上，经历了从20世纪50年代的基于水库、电站等单一水利工程控制单元的宏观配置，到六七十年代之后的流域、区域以及跨流域水资源配置等研究过程；研究主体从单一的水量配置到水质、水量联合调控，研究对象从单一的地表水水源配置到地表水、地下水、非传统水源及外调水等多水源联合调控的过程；研究方法从单一数学规划模型到向量优化、模拟技术等多方法并行的过程，且在高速发展的科学技术背景下，水资源配置技术也由原来的单纯简单数学规划逐渐向模拟优化、人工智能、空间技术的过渡[9]。

1.2.1 水资源配置研究进展

国外有关水资源优化配置的研究萌芽于20世纪40年代，Maass等[10] 基于系统分析方法进行了水库水资源优化配置研究，正式拉开了水资源优化配置系统性研究的序幕。进入50—60年代，随着复杂水资源子系统性研究在理论上的升华，水资源配置的研究更加成熟。1953年，美国陆军工程兵团（USACE）在密苏里河流域多座水库的联合调度运行中引入了其所建立的水资源模拟模型[11]，解决了6座水库的运行调度问题。1961年，Cashe和Lindedory[12-13] 为了使农业区经济效益达到最大，水资源得到合理配置，通过构建线性规划模型，实现了地表水和地下水的联合调度，Buras在1963年根据动态规划方法，也实现了地表水和地下水的优化调度问题。

随着计算机技术的进步，水资源配置模型的研究也在技术上取得了突飞猛进的发展。1962年，Maass等[10] 在自己的著作 *Design of water resource systems* 中系统性地介绍了计算机技术在水资源子系统模型中运用的可行性，引发了水资源子系统模型研究的革命。随着这一技术手段的推定，系统分析的理论和方法在水资源配置的理论研究和实践中得到了广泛的推广，水资源配置模型如雨后春笋般层出不穷。20世纪70年代，Marks[14] 基于数理模型在水资源子系统中的运用，提出了水资源子系统线性决策规则。Cohon[15] 深入研究了水资源多目标配置问题，取得了突破性进展。Haimes等[16] 在地表水、地下水的联合调度研究中构建了区域供需水协调模型，首创性地将系统分解协调的方法运用到水资源配置领域。此一时期最典型的案例当属阿根廷Riocolord流域的水源开发利用规划，MIT将多目标规划理论和方法系统性运行到水资源规划领域[17]。

进入到20世纪80年代，随着研究的不断深入扩展，水资源配置模型的研究成果也日渐增多。Pearson等[18]考虑调度规则、管网的过水能力、不同情况下的水资源需求量等，对英国Nawwa区域的水资源优化配置问题采用了二次规划方法研究。Romijn等[19]构建的水资源分配多目标多层次模型则充分体现了水的不同功能，考虑了多层次利害关系，协调了决策者与决策分析间的通力合作。同一时期，Willis等[20]、Dudley等[21]也在相应的研究中运用系统规划方法，解决了相关的用水量分配问题。90年代，由于社会发展速度较快，伴随着水资源短缺、水污染、水危机等事件频繁发生，国外开始开展面向生态需求和基于水量和水质联合配置的水资源配置研究。澳大利亚流域管理局考虑生态系统的需水量，用水户现状需水量和未来不同条件下的需水量，对水资源进行调查分析和评价，使经济社会效益最大化，提出面向生态的水资源优化配置[22]。Kumar等[23]针对社会发展过程中造成的水资源污染加重的问题，构建了模糊优化模型，用以解决污水处理和再生利用。Afzal等[24]在巴基斯坦某地区的灌溉用水分配的研究中，优化分配了不同水质的水量，构建了水量水质联合配置模型。Fleming等[25]通过研究地下水水质运移过程中的迟滞影响，研制了地下水水质水量决策管理模型，有效地抑制了研究区域地下水污染的扩散。Percia等[26]将污水作为水源，充分考虑了各用水户对不同水质的要求，构建了污水、地表水、地下水等多水源联合调度管理模型，在以色列Eilat地区的用水管理中取得了良好的效果。同一时期，Tewei等[27]通过对某流域水量水质的系统性研究，构建了流域水量水质网络模型。

进入21世纪，随着智能优化算法的进步和完善，诸如免疫遗传算法、神经网络算法等开始广泛应用于水资源配置领域，国外学者也更广泛地在这些领域研究水资源配置机理，以求从本质上解决当今的水资源配置矛盾[28-32]。同时基于协同论、博弈论等理论的发展成熟，经济社会模型、水文模型及水资源配置模型也为水资源子系统模型的发展开辟了新的领域。Minsker等[33]通过水文要素的不确定性构建了基于遗传算法的水资源多目标配置模型，形象地描述了水资源配置过程中的不确定因素。Rosegrant 等[34] 构建了水文-经济耦合模型，用以评价水资源利用效率。Mahan 等[35] 和 Kralisch 等[36] 将神经网络算法分别运用于不同水源分配问题。Wang 等[37] 构建了水的权属分配的水资源配置模型，将市场经济、政府宏观调控以及水的资源属性间的博弈融会其中。Kucukmehmetoglu[38] 构建了解决跨境流域水资源分配问题的模型，该模型耦合了博弈理论和帕累托最优理论，将水资源配置扩展到国家宏观调控领域。综上所述，国外水资源配置的研究从单一学科起步，以单一目标作为研究起点，而后逐步扩展到多个领域，发展到现在的这个融入多个学科解决多重目标问题的阶段。

我国对水资源配置的研究起步晚但发展速度快，以问题导向为驱动力，从单一水源到多水源配置，从单一目标到多目标配置，从水利工程到跨流域区域配置等，形成了相对较为完善的理论体系研究，主要分为以下几个代表性的阶段：20 世纪 60—80 年代，以水量分配研究为先导，经历了常规调度寻优向以运筹学为基础的水库群优化调度的转变，研究方法从规划研究（LP－NLP－DP）向模拟研究、控制研究、多目标研究和随机大系统理论研究等递进。张勇传等[39] 基于 DP 对水库优化调度进行了理论和应用研究；董子敖等[40] 提出改变约束法实现水库优化调度中发电量最大的优化；马光文等[41] 基于大系统递阶控制理论求解水电站保证出力最大的水库优化调度问题；胡振鹏等[42] 提出的基于“分解-集结”模型的水库长期运行优化方案研究。水资源配置的雏形研究始于“六五”科技攻关时期，华士乾[43] 采用系统工程法对北京地区的水资源系统进行了评价，为我国水量分配奠定了基础。“七五”攻关时期完成了大气降水、地表水、土壤水和地下水的“四水”转化机理分析，以及在水资源开发利用过程中面向“以需定供”发展模式下的地表水和地下水的联合配置研究[44-45]；相对于以往以水利工程为主的水库调度研究而言，该阶段把水资源配置研究扩展到了流域角度，且水源从单一水源扩展到了多水源配置，但总体而言仍属“以需定供”研究为主，在配置过程中缺乏经济社会指标与配置过程的互动分析。随着经济社会发展在水资源配置过程中的重要作用，水资源配置进入宏观经济配置阶段。许新宜等[46] 基于 UNDP（The United Nations Development Programme）“华北水资源管理”项目，构建了面向华北宏观经济的水资源优化配置模型，模型库由水资源系统、经济社会系统等7个子模型组成；随后“八五”科技攻关项目提出了基于宏观经济的水资源优化配置理论技术体系；基于以上水资源优化配置模型的开发和改进，甘泓等[47] 结合水资源管理项目，构建了基于优化决策支持系统的水资源动态模拟模型；冯尚友[48] 基于系统工程理论，给出了面向防洪、灌溉、供水等多种目标的水资源优化配置模型和求解方法；刘健民等[49] 应用大系统递阶分析方法对京津唐地区的供水规划和调度问题进行了研究；尹明万等基于水资源短缺问题，构建了一种多层次、多用户和多水源特征的水资源配置动态模拟系统；由于水资源系统与经济社会系统关系复杂，因此，该时期多目标风险理论、复杂适应理论和智能算法理论等被引入水资源配置研究中，以经济效益最大化为配置目标，建立了水资源与经济社会动态耦合的水资源配置模式，但是该时期的研究仅考虑了水资源系统与经济社会系统的需求，未考虑生态系统的需求及影响关系。

20世纪80年代末开始随着面向宏观经济的水资源大规模开发利用，该过程也带来了河流断流、地下水位下降、湖泊干涸、植被枯萎死亡、水污染等一系列水生态问题，尤其是以我国西北干旱区最为显著。国家“九五”攻关项目[50-51]“西北地区水资源合理配置和承载力研究”首次提出了面向生态经济建设的西北水资源合理配置模式，西北水资源配置的基本原则，是坚持水土平衡、水量平衡、水沙平衡和水盐平衡。在此基础上适当加大开源，使西北地区在更高的经济社会发展水平上达到新的生态环境平衡。王忠静等[52] 构建了适用于西北内陆河流域的水资源优化模型，一定程度上解决了干旱内陆区水资源的可持续利用问题。谢新民等[53-54]、杨小柳等[55] 充分考虑经济社会发展中水资源的承载能力，分别开发了适用于宁夏和新疆的经济社会可持续发展的水资源配置模型。方创琳[111] 以柴达木盆地为例提出了以适度投入与适度产出为主要内容的可持续发展对策方案是保证河西走廊经济持续发展和生态环境良性循环的最佳对策方案。随着研究的深入，“十五”攻关期间，在水资源配置过程中不仅考虑狭义的地表水、地下水资源，同时将有效降水、土壤水和回归水也纳入不同要求的水源范围[56]。在宁夏开展了基于耗水（ET）的优化配置，综合考虑二元水循环下自然水循环和社会水循环的用水耗水，并在海河流域应用了基于 ET 的水资源配置技术[57-58]。

"十一五"至"十二五"期间，伴随社会经济高速发展，水环境问题凸显，水资源调控更关注水量水质耦合关系及其相互转化机制，基于量质耦合的水资源配置研究实现了重要突破[112-114]。"十三五"以来，随着生态文明建设和低碳节能减排发展理念的确立，从单一的水量调控逐步向"量-质"联合调控，再向"水量-水质-水生态"等多维调控目标递进式发展，围绕多维目标调控的水资源优化配置及基于效率的水资源低碳式配置取得长足进展[115-116]。

1.2.2 水资源协同配置研究进展

水资源系统是一个开放的、远离平衡态的复杂系统。根据水资源系统的自然、经济和社会属性，水资源系统可由经济子系统、社会子系统和生态环境子系统构成。水资源的有限性和稀缺性必然导致各子系统的相互竞争关系，即在水资源配置系统中，河道外经济社会发展需水、河道内生态环境需水以及各部门之间、各区域之间存在用水竞争矛盾。基于协同学理论的水资源配置原理，实质是协调水资源配置系统中经济、社会和生态环境子系统的关系，保持系统之间的动态平衡，使水资源复合系统达到一种整体、综合性发展的组合，呈现出水资源高效利用、社会结构合理、经济健康发展和人口适度增长、社会公共福利公平、生态环境状况良好的稳定状况。

随着可持续发展理念的不断深入，协同论逐渐被应用于水资源开发利用中，刘丙军等[59] 在分析水资源配置系统协同特征基础上，根据协同学理论中有序度概念和支配原理，分别对水资源配置系统中社会、经济和生态环境子系统设置序参量，并结合信息熵原理，构建了一种基于协同学原理的流域水资源配置模型。李爱花等[60] 以协同学原理为基础，对水资源与经济社会及生态环境系统协同发展进行了初探，提出通过对水资源-经济社会-生态环境复合系统的序参量进行调节、控制，优化配置水资源，促进序参量协同效应的发挥，使系统协同程度提高，最终实现系统的有序演化。周念清等[61]，以湘江流域水循环-经济社会-生态环境耦合形成的水资源复合系统为例，从协同学理论出发，对复合系统的各个子系统设置序参量，对流域水资源系统的适应性进行了分析，为研究区水资源可持续利用提供了可靠的依据。雷洪成等[62] 为评价多种为合理评价多种水资源配置方案的优劣，根据协同学原理中的序参量和有序度概念，对经济子系统、社会子系统、生态环境子系统各设置了一正一负的序参量指标，给出了阈值范围和有序度、协调度的计算公式，构建了基于协同学原理的协调度评价模型。周翔南[63]在以往水资源配置模型研究的基础上，根据“水资源系统-经济社会系统-生态环境系统”协同发展的理念，构建了一种基于“两次迭代、三次配置”的多维协同配置模型。张偲葭[64]从区域经济系统动态协同路径、区域社会空间差异协同网络以及区域生态环境容量扩充协同机制三个方面对京津冀的协同发展进行分析，分析了京津冀区域各子系统间的相互联系，构建了京津冀区域水资源配置的系统动力学模型。申晓晶[65]基于协同论中的协同论发展三重性原理、系统综合效应律、效益层级服从等原理，从社会、经济与生态三大子系统协同发展及水资源需求分析、水资源子系统不同水源协同供水分析和水资源协同配置等方面构建了基于协同论的水资源配置模型。

1.3 研究内容及技术路线

本书依据水文学原理、可持续发展理论、协同论、优化配置理论等，将协同调控技术与优化配置相结合，分析和探讨水资源多维协同配置关键技术，基于西北内陆区水资源-经济社会-生态环境复合系统耦合作用关系，定量刻画多维协同配置的关键控制参量和序参量，以水资源-经济社会-生态环境复合系统的协同有序发展为目标，以关键控制参量和序参量为抓手，以多重循环耦合迭代技术为手段，构建西北内陆区水资源-经济社会-生态环境多维协同配置模型，并在西北内陆区塔里木河流域得到成功应用。本书主要研究内容如下：

（1）水资源多维协同配置基本理论研究。基于可持续发展理论、协同论、优化配置理论等在内的水资源多维协同配置基本理论，深入分析水资源多维协同配置的概念、内涵及基本原则，厘清“多维性”和“协同性”在水资源优化配置中的具体体现，结合水资源多维协同配置“协同调控”的特点，系统提出水资源多维协同配置的关键序参量、控制参量调控技术、概念模型和技术框架。

（2）水资源多维协同配置模型。水资源多维协同配置模型由控制参量预测模块、优化配置模块和有序度评价模块三部分组成，以优化配置模块为核心，以控制参量和序参量为抓手，以多重循环耦合迭代技术为手段，以预测模块的控制参量为主要输入变量，将各子系统序参量融入水资源配置目标函数及约束条件中，以水资源-经济社会-生态环境复合系统的有序演化为总目标，运用有序度协同各序参量时空分布，通过模型多重循环耦合迭代计算，实现系统协同作用，使各子系统、各种构成要素围绕系统的总目标产生协同放大作用，最终达到系统高效协同状态，实现水资源-经济社会-生态环境复合系统的协同有序发展。

（3）控制参量预测模块。基于协同调控关键技术研究，确定关键控制参量主要为水资源系统供给侧控制参量和经济社会-生态环境系统需求侧控制参量。考虑到西北内陆区近十几年气候变化对径流量影响较大，供给侧预测分析分为地表水径流预测分析和地下水可开采量动态预测分析，其中地表水径流预测分析采用 Mann - Kendall（MK）秩次检验法进行长系列分析，并根据遗传算法优化的误差反向传播算法（cenetic algorithm - back propagation，GA - BP）模型进行径流预测；地下水可采量动态预测，利用地下水均衡模型与配置模型的动态耦合，定量刻画和模拟不同水资源开发利用模式下地下水可开采量，最终将预测结果生成水资源系统供给侧控制参量。需求侧预测分析在充分考虑水资源禀赋条件、产业结构调整、节水和治污、生态环境保护等诸方面前提下，基于水资源、水环境承载能力和“以水定城、以水定地、以水定人、以水定产”的原则，对经济社会指标、产业结构和用水效率指标进行合理预测，生成经济社会-生态环境系统需求侧控制参量。最终将得到的控制参量作为水资源多维协同配置模型数据库的关键输入变量。

（4）优化配置模块。优化配置模块是基于流域/区域/计算单元的“自然-社会”二元水循环过程调控，涉及水资源、社会、经济、生态、环境等多目标的决策问题，将水资源系统、经济社会系统和生态环境系统作为有机整体，由目标函数、决策变量和约束条件等组成，运用运筹学原理在优化配置模块牵引下实现水资源在不同时空尺度（流域/区域/计算单元，年/月）、不同水源、不同行业等多个维度上满足水资源-经济社会-生态环境协同配置要求的多重循环迭代计算。

（5）有序度评价模块。为合理评价多种水资源配置方案的优劣，根据协同学原理中序参量和有序度理论，对水资源系统、经济社会系统、生态环境系统各设置了一正一负的序参量指标，给出了阈值范围和有序度的计算公式，构建了基于协同学原理的有序度评价模型，对流域水资源优化配置方案集进行评价和筛选。

(6) 实例研究。以塔里木河流域为例，分析水资源-经济社会-生态环境复合系统历史演变规律，基于塔里木河流域系统诊断和未来发展目标及用水需求，设置水资源配置不同组合方案，利用所构建的模型和研发的计算方法，通过长系列逐月调节计算和对比分析，获得水资源多维协调配置推荐方案。

本书的研究技术路线如图 1.1 所示。

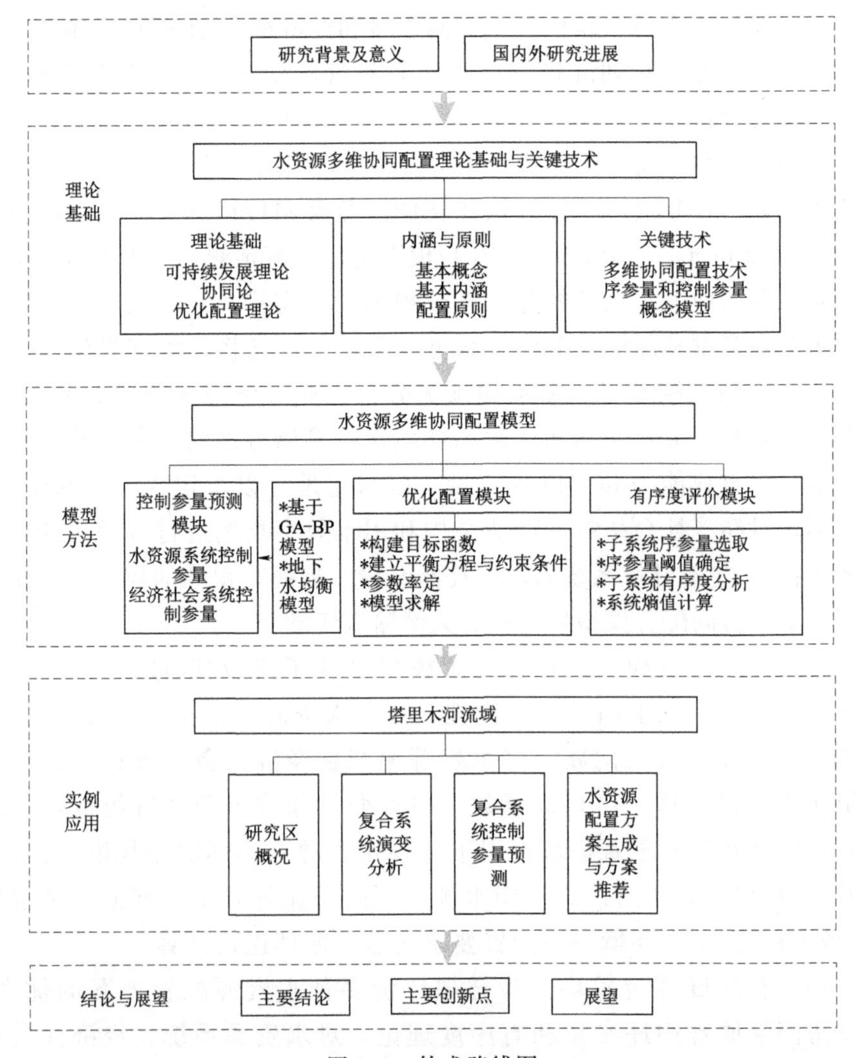

图 1.1 技术路线图

第 2 章　水资源多维协同配置理论基础与关键技术

我国西北内陆区水资源系统独特，内陆水文系统与生态系统相伴而生，在全球气候变化和人类活动影响下，天然水循环要素发生了显著变化，使得水资源系统与经济社会系统及生态环境系统的关联性也发生了深刻变化，水资源安全与能源安全、粮食安全、生态安全之间相互耦合作用进一步趋向复杂。因此，对西北内陆区水资源的配置应充分协调好水资源与经济社会、生态环境的格局匹配，以流域为整体，涉及的行政分区间及上下游、干支流、左右岸之间的利益关系得到较好协调；水资源功能能够保障，可有效服务于国民经济和社会发展以及生态环境保护。本章基于可持续发展理论、协同论及优化配置理论，对西北内陆区水资源-经济社会-生态环境多维协同配置概念、内涵及配置原则进行清晰界定。在此基础上，提出西北内陆区水资源-经济社会-生态环境多维协同配置的关键技术、概念模型及技术框架。

2.1　理论基础

2.1.1　可持续发展理论

可持续发展理论最初雏形出现于 1962 年美国的 Rachel Carson 女士出版的《寂静的春天》一书[66]，1972 年，联合国人类环境研讨会上正式提出了可持续发展的概念[67]；1980 年，IUCN（国际自然资源保护联合会）、UNEP（联合国环境规划署）和 WWF（世界自然基金组织）在《世界自然保护大纲》中明确提出了可持续发展的思想，即在人类对生物圈层的开发利用过程中既要考虑当代人的最大持续利益，又要保障后代人的需求。1989 年，UNEP 在第 15 届理事会上对可持续发展进行了严格定义。

可持续发展的内涵主要体现在以下几个方面：一是公平性，既要满足代内全体人民的基本需求，给予全体人民公平的分配和发展权；又要考虑代际上未来人口增长和城市化工业化发展，在满足当代自己发展和需求的同时不能损害下一代乃至世世代代的利益。二是持续性，发展要实现水、土、大气等资源的持续性，不能超过资源的承载能力。三是共同性，可持续发展人人有责，是全球发展的共同目标。

可持续发展对西北内陆区水资源-经济社会-生态环境多维协同配置具有重要意义：基于西北内陆区水资源的稀缺性、生态环境的脆弱性和环境容量的有限性，必须通过合理的适应与调控措施保持各系统之间的良性平衡和动态演进，使复合系统对外界环境有良好的适应力，保障水资源-经济社会-生态环境复杂大系统达到整体、协调、良性的组合与可持续发展状态。

2.1.2　协同论

协同论最早创立于 20 世纪 70 年代，以系统论、信息论、控制论以及突变论等现代科学成果为基础，结合热力学原理、耗散结构理论等，采用统计力学和动力学相结合的方法，通过序参量支配下的“协同导致有序”，核心是基于协同作用的自组织，即任何远离平衡态的开放系统，在与外界有物质和能量交换的条件下，会产生相干和协作，通过系统基于协同作用的自组织，在宏观上形成时间、空间和功能上的有序结构，达到新的有序态。

根据协同学原理，一个复杂系统从无序走向有序进而形成有序结构，通常须具备以下四个方面的条件：①系统各要素之间相互作用且具有复杂的非线性关系；②系统处于远离平衡的状态，“非平衡是有序之源”；③系统具有开放性，能够与外界不断进行物质、能量和信息交换；④系统存在着涨落现象，并通过反馈和突变机制，诱导系统的结构动态调整并可以使系统状态向有序化方向演化。

开放系统的有序演化取决于序参量和外部控制参量。序参量是系统演化的内在动因，由系统内部要素协作产生，又左右着系统突变的特征和规律，支配着系统的演化行为。序参量的支配作用发挥得好，则有序化程度高，并且引发的系统协同作用力能促使各个子系统、各种构成要素围绕着系统的总目标产生协同放大作用，最终达到系统高效协同状态；反之，所产生的负向作用力会破坏各个子系统及构成要素间的协作，产生反向放大作用，促使系统向低效协同状态演化，甚至导致系统崩溃。控制参量是系统循环外在条件，系统维持有序和自组织的前提是外界能够提供合适的控制参量，保持物质流、能量流、信息流等的适度输入和调控。外部控制参量对系统内部施加作用，使系统内部的相关作用强化或减弱，促进或阻碍系统的演变进程。控制参量的输入和调控对系统演化方向特别是系统涨落变化甚至突变产生主导作用。缺乏调控或受到外界干扰巨大的系统常常处于非平衡的无序状态，系统的演化进程在于系统外部控制参量的影响程度以及系统内各要素间相互作用的协同效果。当系统演化到一定阶段，系统复杂性在演化过程中增加到一定程度时，单纯依靠子系统的相互作用而引起的协同效应常常不足以迅速满足系统对子系统行为有效调控的要求，则需要从更高层次处理信息，通过控制参量加快、加强系统内部协同作用，强化和突显序参量，甚至分化出专门从事协调控制的子系统才能满足要求。

2.1.3 优化配置理论

水资源优化配置，是运用优化技术寻求水资源配置的最优策略，合理、有效最大限度地利用水资源，挖掘潜力，节约能源，追求综合效益的最大化。优化方法主要是采用数学方程表征物理系统中各物理量之间的动态依存关系，而这些数学方程的表征方式主要分为两类：一类是以数学模型中的约束条件为设置决策过程中应遵循的基本规律和适用范围；另一类是以数学模型中的目标函数或辅助评价指标体系等方式作为决策追求目标和决策质量优劣的标准。水资源优化配置理论和技术经历了从单目标优化到多目标优化、从线性优化到非线性以及动态优化过程。

水资源优化配置归纳起来主要是解决两个问题：一是如何构建水资源优化配置模型，即如何将实际的水资源配置问题抽象概化成包含目标函数和约束条件的数学模型；二是如何选择最优化技术，即在计算速度和计算精度允许前提下，常用的最优化方法有线性规划、非线性规划、动态规划、大系统分解协调方法和遗传算法等。

2.2 水资源多维协同配置内涵与原则

2.2.1 基本概念

水资源-经济社会-生态环境系统是一个开放的、远离平衡态的复杂系统，由水资源系统、水资源-经济社会系统、水资源-生态环境系统以及水资源-经济社会-生态环境系统组成。水资源系统可包括天然水循环子系统和社会水循环子系统；经济社会系统包括人口子系统、国民经济子系统、土地利用与农业子系统等；生态环境系统包括生态子系统和环境子系统等。水资源具有的自然属性、社会属性、经济属性、生态属性和环境属性五大属性，决定了水资源成为联系水资源与经济社会及生态环境系统耦合的纽带，形成水资源-经济社会系统、水资源-生态环境系统以及水资源-经济社会-生态环境系统。各子系统之间、各系统之间围绕着水资源这一重要介质发生着极其密切且十分复杂的关联关系和交互作用，水资源、经济社会、生态环境三个子系统交互作用概念如图 2.1 所示。

水资源的有限性和稀缺性必然导致各子系统的相互竞争关系，即在水资源配置系统中，河道外经济社会发展需水、河道内生态环境需水以及各部门之间、各区域之间存在用水竞争矛盾。因此，水资源多维协同配置实质为基于协同学理论的水资源配置，通过协调水资源配置系统中水资源系统、经济社会系统和生态环境系统的关系，保持系统之间的动态平衡，使复合系统达到一种整体、综合和内发性发展的组合，呈现出水资源高效利用、社会结构合理、经济健康发展和人口适度增长、社会公共福利公平、生态环境状况良好的稳定状况。

2.2.2 基本内涵

结合西北内陆区水资源-经济社会-生态环境系统的特点，分析其多维协同配置内涵主要体现在多维性和协同性两个方面。

2.2.2.1 多维性

不同时空尺度（流域/区域/计算单元，年/月）、不同水源、不同行业等的多维性，具体如下：水资源系统中的水循环过程是时间维度

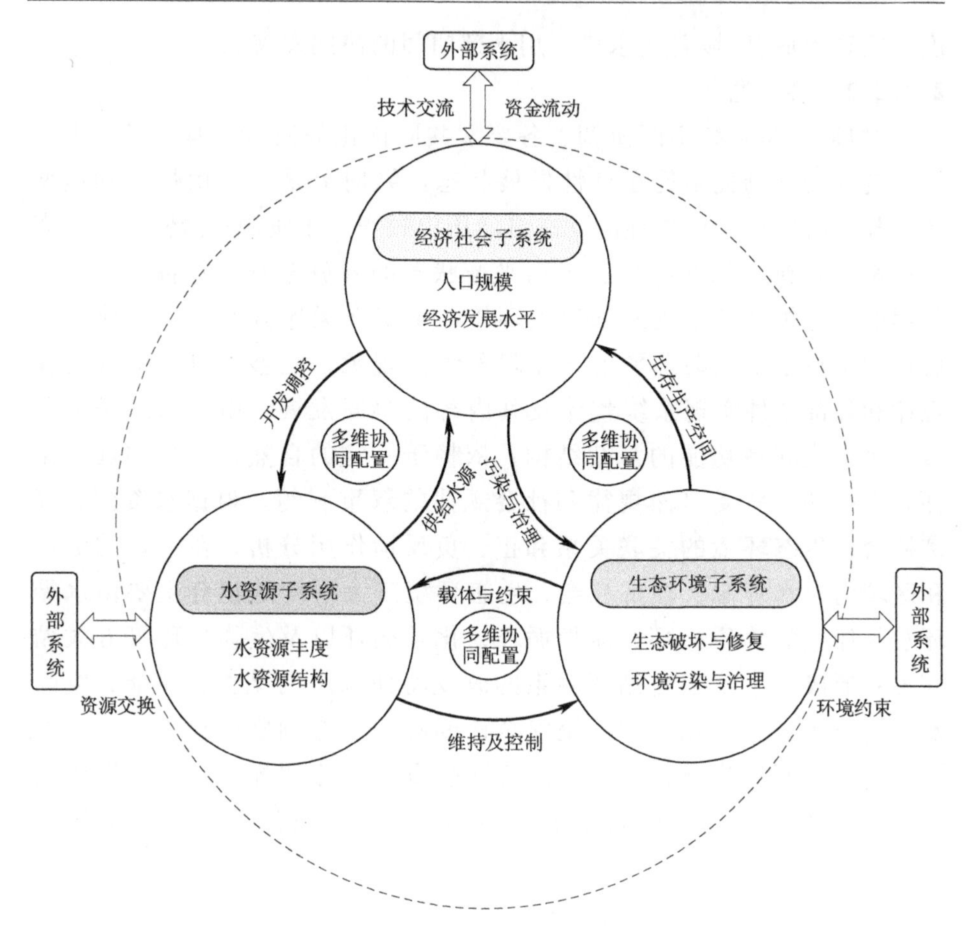

图 2.1 水资源-经济社会-生态环境系统示意图

上的一个动态演化过程，它包含现状年、近期和远期多个层面，其历史演化过程决定了其当前的平衡状态，当前的趋势变化又决定了未来的变化方向；既要处理好宏观层面上流域上的问题，又要处理好中观以及微观层面上的行政区域、计算单元灌区等问题。因此，配置过程在时空尺度上具有多维性；水资源配置对象有地表水、地下水、外调水、再生水和其他非常规水源；配置方式有蓄水工程、引水工程、提水工程、外调水工程、污水处理工程、供水工程、输水工程和排水工程等；通过跨流域调水、水库群联合调度、地表水与地下水联合调控、再生水雨水等非常规水的综合运用，以最终实现配置水源及方式的多维格局。水资源配置目标包括河道外的城镇生活、工业、城镇生态、农村生活、农业和农村生态等和河道内的环境、基流、排沙等多个维度，实现流域/区域各用水户、用水部门间的协同发展。

2.2.2.2　协同性

“协同”是系统不断协调、各要素共同优化的演进过程，横向上各子系统间的比例关系处在良性发展状态，纵向上是一个由量变到质变的、具有阶段性、层次性的动态自然历史过程。水资源-经济社会-生态环境系统是典型的非线性、远离平衡状态的开放系统，具备基于协同作用的自组织现象形成的条件和环境，系统在无序到有序的演化和发展过程中总是呈现动态平衡并伴随着涨落现象，能够通过借助其内在规律和外部条件实现系统整体及其内部的协同发展。由于系统是多要素、多层次和多功能的复杂结构，依赖于一定的自然、经济和社会条件，系统的发展受自然规律和社会规律的双重制约。根据水资源、经济社会、生态环境的关联关系和正、负反馈作用分析，在一定的流域和区域内，水资源、经济社会、生态环境三大系统的耦合主要由水循环及其伴生的物质循环、能量循环、化学循环以及生物循环等五大循环关系形成。系统平衡循环关系的改变将使系统的结构、功能、空间及时间分布发生变化。在系统安全诊断和原序态判别前提下，可通过实施系统资源、物质、能量等的协同配置和整体调控，引导系统协同效应的产生和作用，优化系统的结构、功能，改进系统的平衡循环关系。

水资源-经济社会-生态环境系统协同发展是指在遵循自然规律、经济规律的基础上，通过对该系统内外参量进行合理调控，使该系统向着良性循环、高效产出和可持续发展的方向演变，使水循环的可再生性得到维护，水资源与经济社会、生态环境的格局匹配，以流域为整体，涉及行政分区间、上下游、干支流、左右岸之间的利益关系得到较好协调；水资源功能能够保障，可有效服务于国民经济和社会发展以及生态环境保护。水资源-经济社会-生态环境系统协同发展的核心是水资源系统、经济社会系统和生态环境系统的整体调控。因为水资源的稀缺性、生态环境的脆弱性和环境容量的有限性，必须通过合理的适应与调控措施保持各系统之间的良性平衡和动态演进，使复合系统对外界环境有良好的适应力，与外界环境协同，各子系统能有效联合运行，具有协同效应，系统要素之间具有快速高效反应能力，能够协同响应，达到各系统协同演进状态，使复合系统结构协同、功能协同、时空协同，达到整体、协调、良性地组合与发展。

量化到具体指标即为追求水资源系统的耗水总量平衡和地下水采补平衡，经济社会系统的水量平衡和水土平衡，生态环境系统的水生态平衡和灌区水盐平衡，实现“六大平衡”的协同发展。

1. 水资源系统

(1) 耗水总量平衡：以流域总来水量（包括降水量和从流域外流入本流域的水量）、蒸腾蒸发量（即净耗水量）、排水量（即排出流域之外的水量）之间的平衡关系为出发点，分析在水资源“自然-社会”二元演化模式下，不导致生态环境恶化情况下流域允许的总耗水量（包括国民经济耗水量与生态用水量）。流域耗水总量平衡细化来说就是来水量（当地产水量、入境水量、调入水量）、耗水量（流域内耗水量、调出量）和排水量（出境水量）之间的动态平衡，可用方程式表示为

$$W_{bf}+W_{in}+D_{in}-W_{enc}-W_{elc}-R-D_{ou}=W_{delta} \tag{2.1}$$

$$W_{elc}=W_{elcm}+W_{selc}+W_{gelc} \tag{2.2}$$

式中：W_{elc} 为生态耗水总量；D_{in}、D_{ou} 分别为流域水资源的调入量、调出量；W_{in} 为入境水量（包含地表水和地下水）；R 为当地产水量（含地表水和地下水）；W_{elcm} 为国民经济中的生态耗水量；W_{selc}、W_{gelc} 分别为河道内生态耗水量和潜水蒸发量。

(2) 地下水采补平衡：通过全面计算某区域给定均衡期内地下水排泄量、补给量及储蓄变化量之间的相互转化关系，能够得到地下水可开采量，在遵循多年平均不超采的原则下，以地下水动态可开采量作为地下水开采量上限约束，将地表水和地下水配置模块紧密联系起来，实现地下水动态采补平衡。

地下水均衡方程式：

$$\left.\begin{aligned} Q_{补}-Q_{排}&=\pm\mu F\frac{\Delta S}{\Delta t}(潜水) \\ Q_{补}-Q_{排}&=\pm\mu^{*} F\frac{\Delta S}{\Delta t}(承压水) \end{aligned}\right\} \tag{2.3}$$

式中：补给量 $Q_{补}$ 主要包括降雨入渗补给、地下水侧向补给（包括山前侧渗补给与平原区侧向流入）、管网渗漏补给、河道入渗补给、渠系入渗补给、渠灌田间入渗补给、越流补给量、井灌回归补给及水库塘坝

等工程入渗补给；$Q_{排}$主要包括侧向流出量、泉水排泄量、潜水蒸发量、人工开采量，这些均衡项的计算方式比较常见在此不再赘述；ΔS为地下水的水位变化；μ与μ^*分别为潜水含水层给水度及承压含水层弹性释水系数；F为所研究的均衡区面积；Δt为均衡期的时间跨度。

2. 经济社会系统

（1）水量平衡：包含用水总量控制平衡、国民经济耗水总量平衡和供需平衡。其中，用水总量控制平衡是以最严格的水资源管理制度“三条红线控制指标”为硬约束指导，使其在最严格水资源管理制度“三条红线”用水总量控制要求合理范围内浮动，实现水资源的高效利用和有效管理。国民经济耗水总量平衡主要指进入经济社会循环的水量，在水源、输水、用水、排水等环节中形成了耗水，其总耗水量不大于水资源可利用量。国民经济综合耗水率反映区域或地区经济社会的综合耗水水平，通过分析各用水部门的耗水率可以掌握不同区域内部的耗水结构特点，识别主要耗水部门和耗水方向，在未来经济社会发展过程中进行产业结构调整、减少消耗量、提高用水效率，控制经济社会耗水量在适度的范围之内，提供可靠的技术依据。供需平衡考虑到不同时期可供水量和实际需水量是可变的，当水资源可供给量大于需求量时，水资源可利用量还有一定的潜力；当水资源可供给量等于需求量时，说明该时期的水资源开发利用程度与现阶段的生产、生活相适应，处于均衡状态；当水资源可供给量小于需求量时，说明水资源处于紧缺状态，需要通过工程（开源或者节流的方式）和非工程措施从时间和空间上提高水资源供给侧和需求侧的匹配性。

（2）水土平衡：主要指内陆干旱区农业生产所利用的水资源（即水资源可利用量）和农田灌溉面积的匹配状态；水土资源的平衡调控可以提高水土资源在时间和空间上的匹配效率，防止在水资源不足的情况下土地资源的过度开发造成的荒漠化现象，防止局部水资源过度开发造成的土壤盐渍化现象。

基尼系数最早是用来描述收入分配均衡程度的一种客观指标。水土资源匹配系数与基尼系数原理基本一致，基于洛伦兹曲线计算内陆干旱区农业水土资源匹配的基尼系数，通过对绘制的洛伦茨曲线进行积分面积求解即可得到相应的基尼系数（图2.2）。

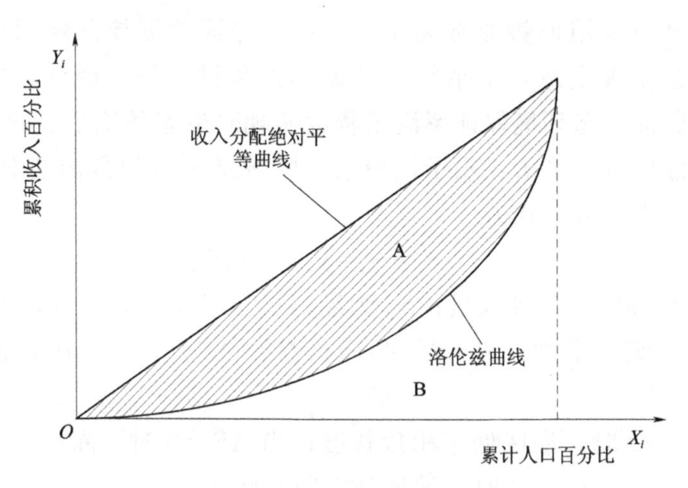

图 2.2　基尼系数图

$$G=1-\sum_{i=1}^{n}(X_i-X_{i-1})(Y_i+Y_{i-1}) \tag{2.4}$$

式中：X_i（$i=1, 2, \cdots, n$）为各流域计算单元农田灌溉面积比例的累积百分比；Y_i（$i=1, 2, \cdots, n$）为各流域计算单元水资源可利用量比例的累积百分比；当 $i=1$ 时，$(X_{i-1},Y_{i-1})=(0,0)$。

在经济学上，基尼系数其值为 0～1，越接近于 0 表明收入分配越趋于平等，反之越不平等。基于数学规律的相似性，水土资源基尼系数的评价标准可采用国际通用标准，即水土资源基尼系数警戒线取 0.4，具体标准见表 2.1。

表 2.1　　水土资源基尼系数评价标准

级　别	匹 配 级 别	评 判 标 准
Ⅰ	绝对匹配	(0，0.2]
Ⅱ	相对匹配	(0.2，0.3]
Ⅲ	比较匹配	(0.3，0.4]
Ⅳ	不匹配	(0.4，0.5]
Ⅴ	极不匹配	(0.5，1]

3. 生态环境系统

(1) 水生态平衡：即关键河道控制断面生态环境保证率平衡。西北内陆区水资源开发利用率较高，普遍高于国际公认合理极限值，流域水资源开发利用形势非常紧张。因此，保证关键控制断面最小生态环境流量是实现生态环境系统良性循环的关键措施。因此，选用关键河道控制断面生态环境保证率满足程度实现对生态环境系统的调控。

(2) 灌区水盐平衡：用于调控某一区域某一时间段内盐分的流入、流出平衡关系，方程式为

$$\Delta S = S_i - S_d = V_i C_i - V_d C_d \tag{2.5}$$

式中：S_i 为灌区盐分进入量；S_d 为灌区盐分排出量；V_i 为灌区灌溉水量；C_i 为灌溉水平均浓度；V_d 为灌区排出水量；C_d 灌区排出水平均浓度。

当 $\Delta S > 0$ 时，灌区处于积盐状态；当 $\Delta S = 0$ 时，灌区处于盐分收支平衡状态；当 $\Delta S < 0$ 时，灌区处于脱盐状态。

土壤盐渍化现象一直是西北内陆区灌区的主要生态问题，水盐平衡分析为西北内陆区水资源合理开发利用提供了一定科学依据，依据水盐均衡原理，地下水的合理开采、灌区灌排比例及渠井灌溉比例的合理调整对维持灌区内盐分的收支平衡具有重要作用。

2.2.3　配置原则

水资源-经济社会-生态环境多维协同配置应遵循水资源可持续利用原则、协同性原则、高效性原则、总量控制原则、发展节制性原则、效益层级服从原则等，实现系统水资源的合理开发利用、经济社会发展与生态环境保护的协调可持续发展，为经济社会的发展提供水资源保障，维护生态系统总体平衡，保持水资源系统良性循环。

1. 水资源可持续利用原则

水资源可持续利用是流域/区域经济社会和生态环境健康发展的基本保证，也是水资源全要素优化配置必须遵循的首要原则。在当前水资源短缺、生态环境恶化、水污染严重的情况下，处理好流域经济社会与生态环境的用水竞争关系，保持生态环境合适的用水比例，是保护水资源再生机制、可持续利用水资源的关键。

2. 协同性原则

注重流域之间、地区之间、近期和远期之间、不同用水目标之间、不同用水人群之间等对水资源的协同分配。各流域、地区之间要统筹全局，协同配置当地水和过境水，不应以损害其他地区的发展为代价；

近期和远期之间协同配置水资源，既满足近期的用水需求，又不损害远期的发展能力；用水目标上应优先保证必要的生活和最小生态用水，在此基础上兼顾经济用水和一般生态用水，同时在保障供水的前提下兼顾水资源的综合利用；不同人群对水资源拥有同等享用权，要注意提高农村饮水的保障程度。

3. 高效性原则

高效性包括提高用水效率和效益两个方面。水资源配置要通过各种措施提高生活、生产和生态环境过程水量的有效利用程度，减少水资源转化过程和用水过程中的无效蒸发，提高有效水资源的比例。增加单位供水量对农作物、工业产值和GDP的产出。加强节水型社会建设，通过制定节水防污型定额标准，实施用水定额管理。

4. 总量控制原则

根据水资源禀赋条件的差异，水资源开发利用程度要与水资源承载能力相协调，对国民经济用水实行严格的总量控制。通过调整产业结构和布局，减少高耗水、重污染行业的发展规模，采用新工艺降低废污水排放率，提高废污水收集率和处理率，对入河污染物实行严格的总量控制。

5. 发展节制性原则

发展节制性是指在发展的过程中，杜绝盲目、畸形的发展，以可持续发展为原则，形成协调统一的健康发展模式。在对资源的开发利用过程中，需要遵从《全国主体功能区规划》所提出的开发理念：第一，要根据自然条件适宜开发，在生态脆弱的地区，不适宜大规模高强度的工业化和城镇化发展，必须顺应自然环境，适度发展；第二，根据资源承载能力开发，必须根据资源环境中的“短板”因素确定可承载的人口规模、经济规模以及适宜的产业结构；第三，要控制开发强度，以资源环境承载力综合评价为基础，划定生态红线并制定相应的环境标准和环境政策。根据不同区域的资源环境承载能力，可将研究区域划分为重点开发区域、限制开发区域和严格控制开发区域三类。其中，重点开发区域指资源环境承载力较强、发展潜力较大、集聚人口和经济条件较好的，可重点进行工业化和城市化发展的地区；限制开发区域即指生态系统脆弱或生态功能重要，资源环境承载能力较低，不具备大规模工业化、城镇化发展条件的地区；严格控制开发区域即指禁止进行工业化、城镇化发展，需要特殊保护的重点生态功能区。根据不同分区层次，有节制地发展工业化及城镇化，确定适宜当地资源承载力的经济社会及用水效率指标，为需水方案生成奠定基础。

6. 效益层级服从原则

人类社会协同论提出“当人类从事的活动不能同时达到经济、社会和生态效益相互统一协调的情况下，必须坚持经济效益服从社会效益，社会效益服从生态效益。这就是效益层级服从原理”[68]。然而在区域发展的过程中，必须结合实际，我国西北内陆区正处在发展中阶段，将生态效益放在首位的发展模式还无法实现，但生态效益依然需要受到重视，更不能将生态效益置于末位。根据节制性发展中提到的划分级别，在重点开发区域，经济效益与社会效益并重，且生态效益服从社会效益和经济效益，即在资源环境承载力较强的地区，保障人居用水和生产用水同等重要，可适当放宽生态环境需水要求；在限制开发区域，需满足经济效益服从社会效益，且经济效益与生态效益协同维护，即在资源环境承载力较弱的地区，应将保证人居用水放在首位，其次协调生产用水与生态用水之间的关系，使二者的效益受到协同维护；在严格控制开发区域，就应遵循生态效益服从社会效益，经济效益服从生态效益，即在资源环境承载能力脆弱的地区，需以满足人居用水为主，严格落实水生态保护，必要时限制经济发展与生产用水。在基于宏观经济的水资源优化配置时期，水资源配置普遍以经济效益最大化为单一目标，充分体现了水资源的基础性和保障性，忽略了水资源的稀缺性和生态价值[69]。在现阶段“在保护中发展，在发展中保护”的科学发展观中要求人类在经济社会发展的同时，充分考虑资源环境承载力约束，在社会和经济用水需求得到满足的同时，使河道内生态环境供水及再生水回用措施得到保障，实现生态效益和经济效益协同发展，从而充分体现水资源的稀缺性和生态价值。

2.3　水资源多维协同配置关键技术

2.3.1　协同调控理论

水资源-经济社会一生态环境系统在动态发展演化的过程中，系统内外各种复杂因素的影响而使系统的结构、内部能量、物质、信息运动的方向发生变化，从而在时序上呈现出不同的宏观表象，表现出不同的发展阶段。水资源和生态环境状态的渐变属性和承载力的滞后性，决定了水资源-经济社会-生态环境系统演化的空间继承性和发展动态性。在系统演化过程中，系统序参量的支配地位引导着系统的发展演化，不同的时间、地点及不同的发展过程中，系统的序参量主导地位的改变决定了系统的协同演化不是整齐划一的、均质性的协同，而是一种突出主导功能的协同或偏离协同。对系统演化起着利导作用和限制作用的各系统序参量间竞争博弈，起主导地位的序参量引导系统其他要素产生协同效应，形成系统的不同协同发展形态。

在水资源开发利用初期，生产水平不高，人类改造利用自然受到限制，引导水资源-经济社会-生态环境系统发展演化的序参量主要为水资源可利用量，尤其表现为受工程调控能力和供水能力影响的水资源可利用量过小，序参量引导区域经济社会不断发展，水利技术有了很大进展，水资源开发利用能力不断增强，系统协同作用增强，系统演化发展呈现快速上升态势，同时水资源可利用量不断增大；当经济发展到一定阶段，原来相对宽松的环境、资源及内部约束不断被强化，系统序参量转变为水资源可利用量和水生态环境的承载能力，序参量的转变在宏观上表现为维系水资源自身可持续利用和生态环境良性循环的作用力与维持经济高速发展的竞争博弈，不可避免地对区域经济社会发展规模起到制约、限制作用，促使区域经济社会发展趋于平缓并在一定阶段稳定在一定水平，但由于系统的开放性，不论从自身发展的要求还是外界环境不断变化的需求来讲，区域经济社会发展都不可能长期稳定在一个恒定水平，它必须做出增长还是衰退的选择，从而离开失稳的定态，进入新的稳定定态。此时系统演化呈现出多种可能性，如图 2.3 所示，系统对外部控制参量表现出极高的敏感性，其演化轨迹多由系统外部控制参量对系统的扰动所决定。如系统不顾资源、环境约束，仅追求经济社会发展速度，表现为人口迅速增长、水资源大量开采消耗、环境向外拓展，这种发展只能维持一段时间，一旦超出资源环境容量限制，在无外界强力调控作用下系统演化发展呈现衰退现象，即由于经济社会子系统发展的强正反馈作用使生态系统破坏、生态环境恶化，水资源的供给能力下降，对生态环境的修复已超出区域经济社会能力，系统发展呈现恶性协同及不协同，最终在系统外界环境的扰动下，走向崩溃。如果调控得当，系统呈周期性地协同演化，表现出系统强劲的发展潜力和后劲。在对系统内部协同作用机制以及与外部控制参量的相互转换规律认识的不断深化情况下，依靠宏观调控和科技进步，如通过调水增加区域水资源总量从而提高水资源可利用量及水环境纳污能力、改造沙漠等恶劣环境、开发新资源等手段，突破现有资源环境容量的限制，促使区域系统进入再度增长的分支，如此循环演进，最终实现系统的可持续发展。

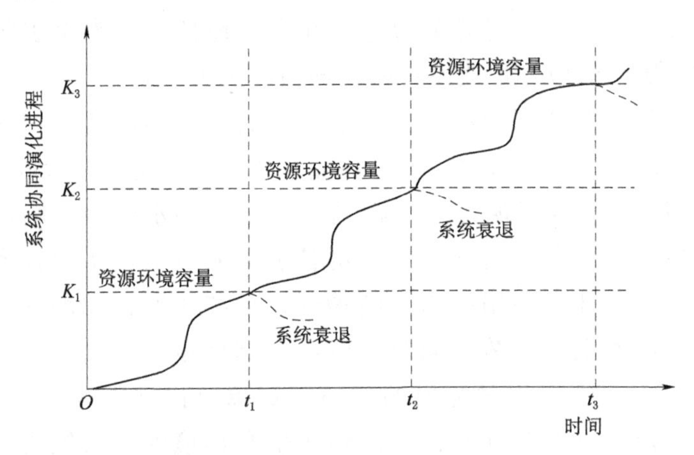

图 2.3 水资源-经济社会-生态环境系统协同发展进程概念

2.3.2 多维协同配置技术

通过对水资源-经济社会-生态环境系统的序参量进行调节、控制，促进序参量协同效应的发挥，即通过协同配置优化调控河道内外经济社会供水和生态环境需水之间的关系，协调各区域各行业之间存在的用水竞争矛盾，使系统协同程度提高，最终实现系统的有序演化。水资源-经济社会-生态环境系统是动态开放的大系统，系统维持有序和“自组织”的前提是外界能够提供合适的控制参量，包括水资源管理政策取向、水工程措施的调控能力、水利科技水平、水资源高效利用节水、不同地区不同行业水量分配制度等。控制参量的合理调控可为水资源、经济社会和生态环境协同发展创造出发挥作用的机会和场所。同时，控制参量的输入和调控也需把握一个合适的度，既能使水资源系统的物质和能量得到充分开发利用，以满足经济社会发展的需求，又不超越生态环境系统自我稳定的限度，以维持复合系统的动态平衡和持续生产力，促进水资源-经济社会-生态环境系统基于协同作用的“自组织”的形成与良好运行。

西北内陆区水资源复合系统调控主要包括耗水总量、地下水采补平衡、水量、水土、水生态和水盐调控。①耗水总量调控指以流域总来水量（包括降水量和从流域外流入本流域的水量）、蒸腾蒸发量（即净耗水量）、排水量（即排出流域之外的水量）之间的平衡关系为出发点，分析在水资源“自然-社会”二元演化模式下，不导致生态环境恶化情况下流域允许的总耗水量（包括国民经济耗水量与生态用水量）。②地下水采补平衡调控即通过全面计算某区域给定均衡期内地下水排泄量、补给量及储蓄变化量之间的相互转化关系，能够得到地下水可开采量，在遵循多年平均不超采的原则下，以地下水动态可开采量作为地下水开采量上限约束，将地表水和地下水配置模块紧密联系起来，实现地下水动态采补平衡。③水量调控主要包含用水总量平衡、国民经济耗水总量平衡和供需平衡调控，利用水资源配置模型对河道内外供用水、耗水情况进行调控。④水土调控即水资源与土地灌溉面积是否匹配，调控水土资源在时间和空间上的匹配效率，防止在水资源不足的情况下土地资源过度开发造成的荒漠化现象，防止局部水资源过度开发造成的土壤盐渍化现象。⑤水生态调控即基于水资源自然和社会循环演化二元模式下，合理调控河道关键控制断面生态环境用水保证情况，维护健康生态系统自适应能力和自我修复功能。⑥水盐调控即遵循系统盐分产生、运移及沉积规律，调节系统的水盐平衡。

经济社会系统调控目标是促进经济结构和城镇化发展布局与水资源承载能力相协调，提高包括水资源在内的资源利用效率与效益，减少和减轻对资源环境的占用水平和负荷压力以及带来的负面代价，保障经济社会的可持续发展。从水资源利用来说，对经济社会系统调控的核心是依据经济社会发展与资源环境容量占用、损益关系，进行生产力要素调控并优化生产力与资源环境的匹配格局，提高水资源的利用效率、保障和促进经济社会发展，减少资源环境付出的代价等。

生态环境系统调控目标是促进水生态的良性循环，保障生态环境的正常功能，最基本的要求是生态环境系统需水量应基本得到保障，河流、湖泊等水体的自净能力得到维持，减少经济社会系统对生态环境的占用，减轻对生态环境系统的压力状况。

水资源-经济社会-生态环境系统整体调控核心是提高复合系统的协同程度、系统的整体承载能力和抗风险水平。调控的内容和要素主要包括：①对水资源和生态环境系统的组成要素和功能进行调整，使水资源要素平衡关系及其时空分布优化或使水生态环境承载能力提高；②通过水资源配置措施、经济社会系统的调控措施，对水资源系统的承载能力进行调控，提高对水资源的利用效率和水平；③根据水循环机理、综合协调经济社会系统和生态环境系统之间的水资源配置关系，改变经济社会和生态环境系统的用水状况；④调整水资源开发利用和保护的方式，调整不同地区和不同用水行业之间的水资源配置关系等，使水资源的循环以及分配关系、承载能力和承载状况等发生改变，向着有利于维护水资源的可再生性和可持续利用的方向演变。

2.3.3　多维协同配置序参量和外部控制参量的确定

在西北内陆区水资源-经济社会-生态环境系统中，由于影响系统稳定性和有序性的因素众多，涉及社会、经济、生态、环境和水资源工程等相互制约的诸多方面。水资源的开发、利用、保护和配置过程，即“自然-社会”二元水循环是水资源系统、经济社会系统和生态环境系统相互作用的过程。因此，通过西北内陆区水循环与复合系统演变耦合作用机理，寻找起决定作用的序参量及外部控制参量，通过对这些参量的调控，推进西北内陆区水资源-经济社会-生态环境系统向有序方向演进。

2.3.3.1　西北内陆区水循环与复合系统演变耦合作用机理

基于西北内陆区“自然-社会”二元水循环特征及其伴生的生态系统演变规律，研究和解析内陆干旱区二元水循环与复合系统演变耦合作用机理。具体研究框架如图 2.4 所示。

1. 水循环及其伴生的生态系统演变格局

在太阳辐射和地心引力等自然驱动力的作用下，陆地上不同形态的水通过蒸发蒸腾、水汽输送、凝结降水、植被截留、地表填洼、土壤入渗、地表径流、地下径流和湖泊蓄积等环节，不断地发生相态转换和周而复始运动的过程，称为自然水循环（或天然水循环）[70]。西北内陆区高山环抱盆地的典型地形地貌特征，决定了其自然水循环方向

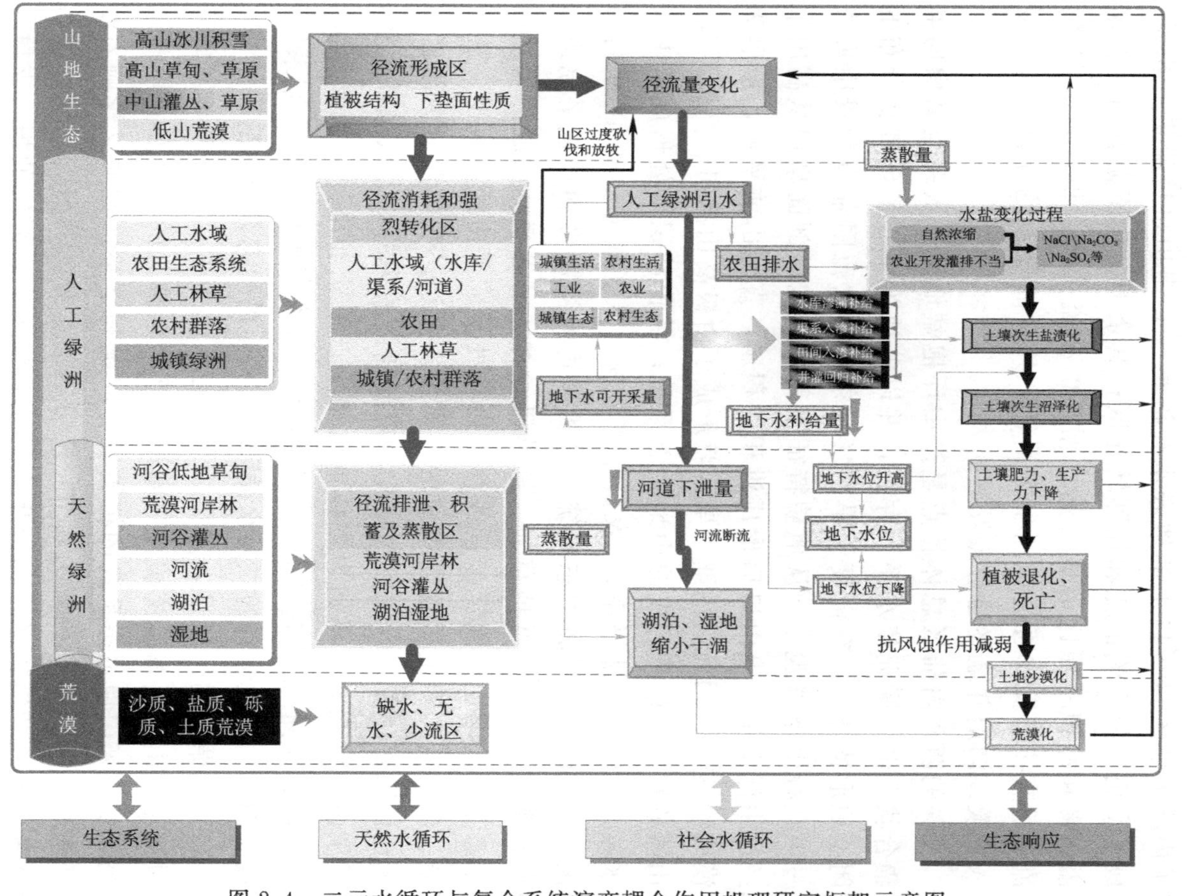

图 2.4 二元水循环与复合系统演变耦合作用机理研究框架示意图

由四周山区流向盆地中心区。高山区冰川积雪伴随着温暖季节消融形成地表径流，且高山区山脉高大，含水气流在山脉拦截和抬升作用下形成降水，形成西北内陆区自然水循环的主要产流区，该区域几乎形成了内陆干旱区 90%以上的地表水径流量[71]；出山口后流进冲积扇，形成了水循环的径流消耗和强烈转化区；其余部分向下游径流，在扇缘溢出带和冲积平原区形成自然水循环的径流排泄、积蓄及蒸散区，径流通过直接蒸发或通过绿洲生态消耗；其余部分于径流途中蒸发或排入荒漠或湖泊并最终通过蒸发返回大气。

我国的西北内陆区总体特点呈高山环抱盆地型，水系呈高山向盆地辐合状汇聚，绿洲依水系而存在，并以盆地为中心呈环带状分布的封闭型地形特征[5]，在极度干旱的气候条件和大范围荒漠背景中形成了一道独特生态景观[7]。从地貌特征来看，地貌纵剖面呈现从高山带起经过中低山带，出山口后形成洪积冲积扇，直到山前平原，最后为荒漠或沙漠[74]。因此，内陆干旱区就形成了由极高山冰川、高山草甸、中山灌丛和低山荒漠组成的山地生态系统；洪积冲积扇处形成了由人工水域（水库、灌排渠系）、农田生态系统、人工林草、城镇/农村居民区等组成的人工绿洲生态系统；洪积扇边缘溢出带和冲积平原或三角洲处形成了由河谷低地草甸、荒漠河岸林、河谷灌丛组成的天然绿洲生态系统；固定半固定沙丘或移动山丘处形成了由沙质荒漠、盐质荒漠、砾质荒漠和土质荒漠组成的荒漠生态系统。我国西北内陆区独特的山区降水集流、绿洲集约转化、荒漠耗散消失的二元水循环过程，形成了山区以森林、草甸为主体的山地生态系统和平原以人工绿洲、天然绿洲、绿洲-荒漠过渡带、荒漠渐次交错为圈层的平原生态系统，形成了西北内陆区独特的二元水循环及其伴生的生态系统演变格局[75]。

（1）水循环的产流区，多以山地生态系统为主，产流区丰富的降水量决定了山地生态系统植被（草原和草甸植被）的等级和盖度相对较高，反过来山地生态系统的植被发育状况和下垫面性质又影响着水循环中水分的涵养和径流的调节，使更多的水分、养分、泥沙和无机盐类等向平原荒漠输送。山地生态系统是整个生态系统的根，支撑着平原绿洲生态系统的发展。因此，它是维持内陆干旱区生态平衡的基础，但山地生态系统主要为地带性植被，所需水源以山前自然降雨为主，从水资源配置角度水源具有不可控性。

（2）水循环的径流消耗和强烈转化区，以人工绿洲生态系统为主，生态系统组成主要有人工水域（水库、灌排渠系）、农田生态系统、人工林草等，这也是社会侧支水循环的重要组成部分，该区域是在天然绿洲或者荒漠的基础上由人类改造而来，通过改变土壤、植被、水文、气候、地形特征和荒漠水热环境不相匹配的现象，使其更富有再生产性。人工绿洲生态系统的建立对荒漠生态系统而言是一种优化，但对于天然生态系统而言人工绿洲生态系统抗风沙、盐碱和干旱能力差，所需水源主要通过控制径流和灌溉等措施获得，水源具有强可控性。因此，人工侧支水循环不合理的开发利用将导致生态失衡现象加剧。

（3）水循环的径流排泄、积蓄及蒸散区，以河谷低地乔灌草、天然水域和湿地组成的天然生态系统为主，该区域不依赖天然降水，伴河而生，随水分条件的变化而变化，主要依靠洪水和地下水维持生命，地下水埋深的高低决定了植被盖度的大小[76]，植被等级和盖度沿河流两岸中心依次由高到低演变，反之，植被的结构和盖度又决定了水循环的排泄、积蓄和耗散能力。天然生态系统是处于人工生态系统和荒漠之间的过渡地带，自适性强（植被抗风沙、盐碱和干旱能力强），作为人工绿洲生态系统的重要生态屏障，阻挡了荒漠系统的风沙侵袭。

（4）水循环末端的少流或无水区，少量的降雨也被转化为无效蒸发，水资源条件不足以维持最低限度的植被生长需求，因此，该地区以沙质、盐质、砾质和土质为主的地带性生态系统，并占据了西北内陆区大片面积，在自然水循环中该地区属于径流的消失区。

2. 水循环与复合系统演变耦合作用机理

人类活动的加剧，如土地利用类型的改变、水利工程的兴建、灌区修建与更新改造、城镇化与工业化发展等，打破了流域自然水循环原有的规律和平衡，极大地改变了降水、蒸发、入渗、产流和汇流等水循环各个过程，使原有的流域水循环由单一受自然因素主导的循环过程转变为受自然和社会双重影响与共同作用、更为复杂的循环过程，这种水循环称为“天然-人工”或“自然-社会”二元水循环[70]。西北内陆区水循环二元分化使径流耗散结构发生了显著改变。在人类活动影响和强扰动作用下，西北内陆区二元水循环过程和结构、通量发生了深刻变化，社会水循环强烈改变了平原盆地水循环过程和分配机制，使人工绿洲取用耗水通量大大增加，导致天然绿洲萎缩和荒漠面积扩大及其蒸发通量大幅减少，这种改变使中游水分垂向循环加强，蒸发和下渗通量加大甚至引发土壤次生盐渍化[76]；而下游水平方向径流通量减少，天然绿洲、绿洲-荒漠过渡带生态水量大幅度减少，造成随上游人工绿洲对水资源开发、利用和消耗程度的不断提高，下游河道断流、湖泊萎缩、湿地消失、天然绿洲萎缩、绿洲-荒漠过渡带退化、尾闾湖泊干涸或永久消失[79]；反过来，这种生态系统演变格局又维系着与其息息相关的二元水循环过程，二者之间既相互依存又相互制约、相互影响，构成了西北内陆区独特的二元水循环与生态系统演变耦合作用机理。

我国西北内陆区，尤其是塔里木河流域、吐鲁番盆地和黑河流域，过去因大规模开荒和发展灌溉面积，社会水循环通量无节制增大、自然水循环通量急剧衰减，这种此消彼长和不健康、不健全的二元水循环导致其伴生的生态系统演变格局发生根本性改变，人工绿洲盲目扩大、天然绿洲严重萎缩和土壤盐渍化、河道断流、湖泊萎缩、荒漠化加剧等生态系统演变严重失衡现象，造成了严重的生态灾难和大量生态移民。当前，迫切需要透过现象重新认识和抓住问题本质，研究和构建二元水循环与生态系统演变之间的量化响应关系，寻找起决定作用的序参量及外部控制参量，为调整和优化水资源配置格局提供理论依据。

3. 二元水循环与生态系统演变量化响应关系

基于西北内陆区二元水循环独特性及其伴生的生态系统演变过程，依据二元水循环与复合系统演变耦合作用机理，以历史观测资料和试验数据为基础，分析水循环对生态系统演变的驱动作用；并结合野外调查和勘探结果，分析和建立西北内陆区二元水循环与生态系统演变之间的量化响应关系，为进一步确定和明晰对西北内陆区水资源多维协同配置起决定作用的序参量及控制参量奠定基础。

（1）河流及尾闾湖泊下泄来水量多寡对其沿岸区域地下水位变化过程影响密切，两者之间存在显著的响应关系。如塔里木河流域河道下泄水量 Q 与横向上地下水位响应范围（X）两者存在显著二次函数关系，随着河流下泄水量减少和尾闾湖泊来水量衰减甚至断流干涸，其沿岸区域地下水侧向补给量急剧减少、远离河道及尾闾湖泊区域地下水位抬升幅度逐渐减弱或呈现出地下水位持续下降的态势[80-83]。

（2）地下水位与人工绿洲、天然绿洲、绿洲-荒漠过渡带天然植被分布、组成和长势息息相关，存在明显的响应关系[84-91]。若地下水位 h 小于产生土壤盐渍化或沼泽化临界水位 H_{min}，则因潜水蒸发强烈、土壤积盐增强、就会发生盐渍化或沼泽化，不利于天然植被生长；若地下水位 h 大于潜水蒸发或植被自然死亡临界水位 H_{max}，则潜水蒸发停止或毛细管水不能达到植被根系层，补给天然植被生长需求，引起植被衰败。因此，如何合理调控地下水生态水位阈值，使 $H_{min} \leqslant h \leqslant H_{max}$，对内陆干旱区生态环境保护至关重要。

（3）在河道来水量一定的情况下，输水时间的不同对天然绿洲、绿洲-荒漠过渡带天然植被的生长有显著影响关系，当输水时间与植被种子成熟、萌发期（一般为每年的8—9月）相一致时，输水的生态效应达到最大。

（4）灌区合理的排灌比、渠井灌溉适宜用水比及节水灌溉方式等对人工绿洲生态系统演变至关重要。灌区排灌比的合理选取，除了要考虑灌区灌溉需水量及需水过程外，还要考虑灌区排水量及排水过程、地下水位、土壤含盐量与脱盐或积盐过程等诸多因素。如我国内陆干旱区灌区临界排灌比大致为10%～30%，在灌区开发利用初期排灌比相对较高，尤其是由荒地开荒转化而来的耕地由于历史残留盐分过多，要适当加大排灌力度，排灌比一般为15%～30%；随着土壤中盐分含量的降低，需合理调减排灌比，若没有特殊的地形要求，排灌比可控制在10%～15%[93-97]。

2.3.3.2　序参量和控制参量的确定

协同学研究目标是发现那些支配复杂系统的普遍规律或普遍原则，而这些系统是由诸多相同或不同的元素、部分或子系统构成的。系统所受到的外部影响由控制参量（control parameters）来刻画。协同学的一般策略是，考虑一种状态，它被一组固定的控制参量确立起来，然后这些控制参量中的一个或几个被改变，研究这一状态的稳定性。当这一状态变得不稳定时，只有一个或少数几个该系统的形态能够增长，而其余的形态（甚至曾已产生的）将要消亡。这些增长的形态受控于其中一个或几个序参量（order parameter）。这些序参量彼此竞争以赢得胜利从而支配整个系统的行为。哈肯[117] 这样描述："在生物进化中，不同的序参数则相互竞争。因而，协同学系统的宏观性质常常通过序参数之间的协同或竞争反映出来。”从哈肯的有关论述中可以看到，序参量和控制参量之间是一种函数关系，控制参量相当于自变量，序参量相当于因变量。具体地说，当控制参量的变化达到或超过某一临界点的时候，就会引起系统的不稳定性，并最终通过自组织过程而达到新的稳定结构，稳定结构的标志性因素就是序参量。因此，基于西北内陆区水资源配置系统的复杂性和西北内陆区二元水循环与生态系统演变之间的量化响应关系，按照控制参量和序参量代表的意义进行选择。

1. 控制参量的确定

水资源配置的核心是通过工程措施和非工程措施调整供需侧的匹配效率，为水源（供方）和需求（需方）通过水利枢纽的水量传输达到平衡的过程。经济社会系统需水预测和水资源系统供水预测结果对水资源配置影响巨大，特别是需水预测中计算单元的三生需水及需水总量、月过程（而这些又与人口、城镇化率、农业灌溉面积及GDP、工业、第三产业等经济指标息息相关）及供水预测中受气候变化及工程措施影响的地表水、地下水、外调水及再生水可供水量等。因此，系统的控制参量主要包含两部分：经济社会系统需求侧控制参量和水资源系统供给侧控制参量。从经济社会需水预测的角度来讲，必须全面考虑各个流域的资源环境承载力，合理地调整产业需水结构，制定合理的用水效率目标，为实现规划水平年的区域节制、全面发展提供合理的供水保障。从供给侧同时考虑区域内地表水、地下水的动态变化。

综上所述，经济社会系统需求侧控制参量主要包含国民经济发展指标、国民经济用水定额、农业种植结构、需水方案设置、河段生态基流、城镇生活、农村生活、农业、工业、城镇生态和农村生态需水月过程线等；水资源系统供给侧控制参量主要包含本地径流量、水库入流、节点入流、河网槽蓄能力、渠系河道过流能力、浅层地下水开采能力、承压水开采能力等。

2. 序参量的确定

(1) 水资源系统。基于水资源自然和社会循环演化二元模式下，合理调控社会水循环的国民经济耗水量与河流天然水循环系统的水量关系，维护健康生态系统自适应能力和自我修复功能。因此，可选择流域间耗水总量平衡（关键控制断面下泄量）和地下水采补平衡作为水资源系统的序参量，该序参量在模型系统中通过模型后估评价相机调控。

（2）经济社会系统。西北内陆区流域上、下游各地区经济发展十分不均衡，水资源空间分布与流域生产格局不匹配，而水资源配置经济社会系统的发展主要体现为社会公共福利的提高以及供水公平性。因此，可选用供水量、行业供水基尼系数、行政分区供水基尼系数、用水总量平衡、供需平衡、国民经济耗水平衡和水土平衡基尼系数作为经济社会系统的序参量，其中供水量、行业供水基尼系数、行政分区供水基尼系数体现在目标函数中，用水总量平衡、供需平衡、国民经济耗水平衡和水土平衡基尼系数在模型系统中通过模型后估评价相机调控。

（3）生态环境系统。生态环境系统的有序程度主要体现为水环境和生态环境的变化，以及人类采取相应的措施和手段治理、保护生态环境，在西北内陆区生态环境所面临的主要问题有灌区盐渍化和绿洲荒漠化两个关键因素。因此，基于以上两个关键因素，选取水生态平衡（河道关键断面生态环境供水保证率）、水盐平衡（灌区排灌比）作为生态环境系统序参量，其中水生态序参量的调控在目标函数和后效评估相机调控中均有体现，灌区水盐平衡序参量在模型系统中通过模型后估评价相机调控。

2.3.4 多维协同配置概念模型

水资源多维协同配置的协同特征是通过对水资源系统、经济社会系统和生态环境系统中的控制参量和序参量进行调节、控制，提高它们的协同作用，实现水资源系统的有序演化。对于这些参量指标而言，部分目标是峰值型，如图 2.5（a）所示，峰值型指标即存在一个理想点，为调控的上限值，峰值型指标调控的下限值可根据保证率及可接受的程度确定；部分目标是阈值型，如图 2.5（b）所示，阈值型指标则存在理想区间（理想区间即为调控的上下限值），所有调控指标的阈值区间就构成了水资源多维协同配置的多维解空间。有些指标无论是以目标函数形式还是约束条件形式，可以纳入到水资源多目标优化配置模型中，通过求解多目标优化配置模型，得到水资源配置的优化解，这种配置方式为优化配置；有些指标则无法加入到水资源多目标优化配置模型中参与优化，只能通过水资源优化配置后评估的方式来进行调控。故水资源多维协同配置模型的优化解空间，通过优化配置和相机调控的有机集合，实现水资源多维协同配置。

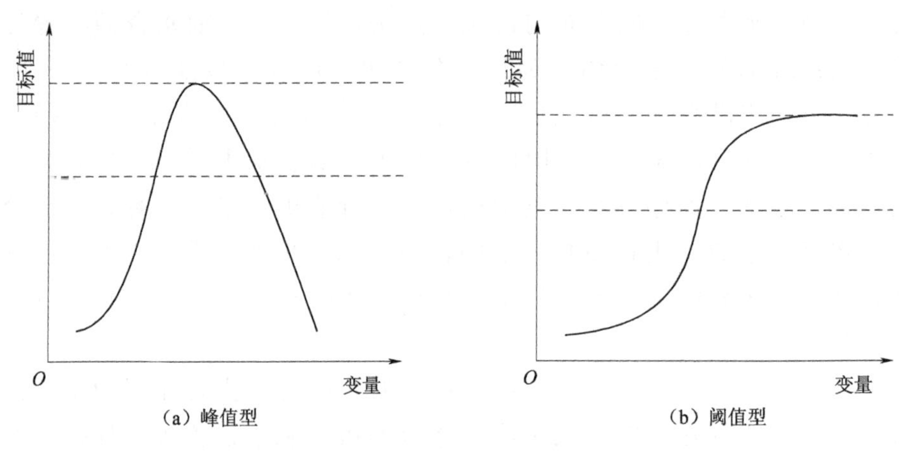

图 2.5 峰值型和阈值型图

2.4 水资源多维协同配置技术框架

水资源多维协同配置技术框架主要包含基础系统层、模型输入层、模型识别与方案生成层、方案评价层（图 2.6）。

（1）基础系统层。以水文气象、监测、流域规划、水量分配方案、生态保护目标等为基础工作数据，分析和概化水资源配置系统的供用耗排拓扑关系，绘制水资源配置系统网络图，设定模型目标函数、约束方程及各类变量参数，建立水资源配置模型模拟平台工作数据库，数据库信息包含基本信息（行政分区、水资源分区、计算单元、水库、湖泊和节点等）、网络连线（河段、地表水、外调水、排水、提水等）、水利工程信息（水库基本信息、水库优化调度规则等）等。

（2）模型输入层。模型输入层包含三大类：第一类是经济社会系统、生态环境系统控制参量需水输入模块，主要包含需水方案设置（国民经济指标及用水定额等）、河段生态基流、城镇生活、农村生活、农业、工业、城镇生态和农村生态需水月过程线等；第二类是水资源系统控制参量供水输入模块，主要包含本地径流量、水库入流、

2.4 水资源多维协同配置技术框架

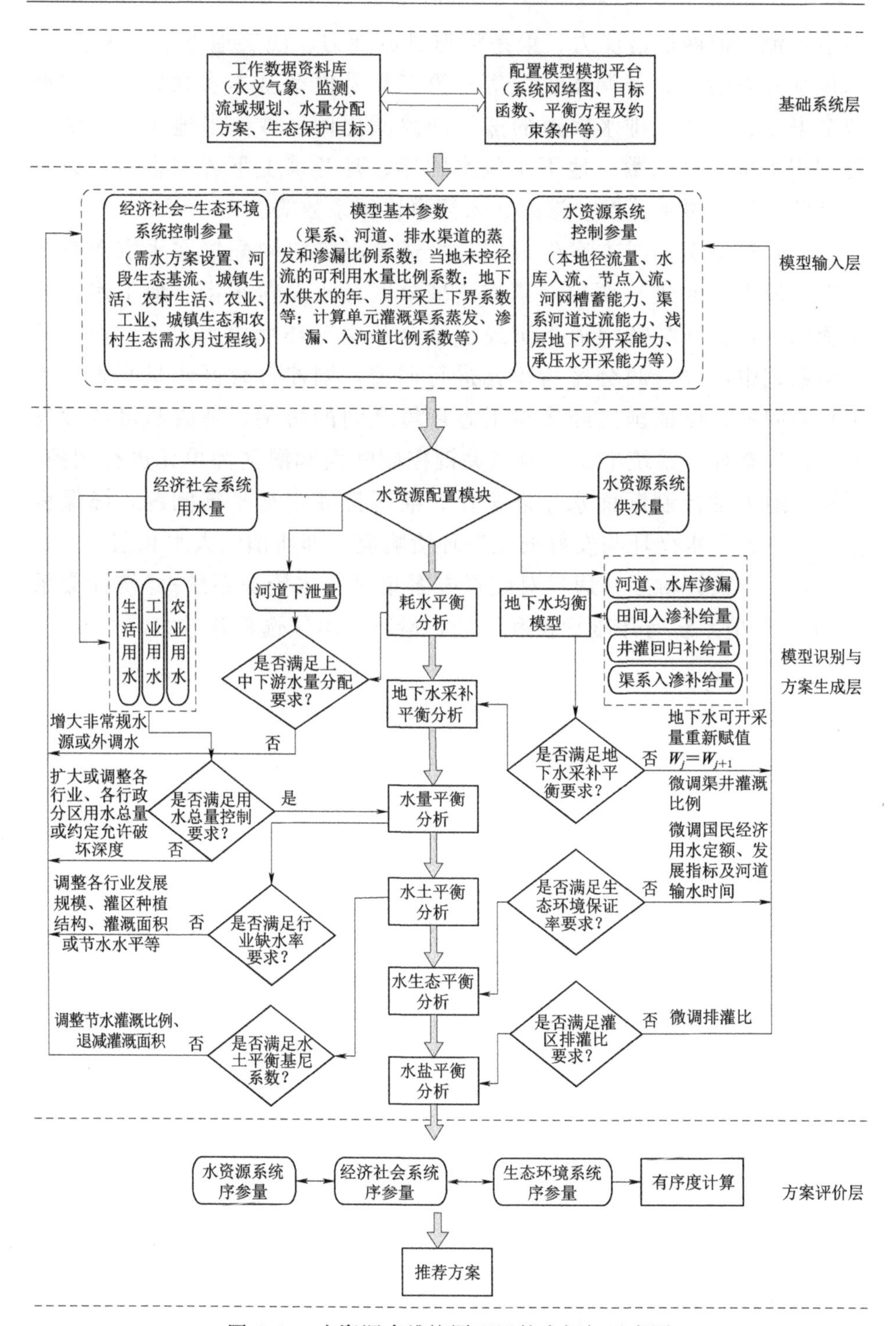

图 2.6 水资源多维协同配置技术框架示意图

节点入流、河网槽蓄能力、渠系河道过流能力、浅层地下水开采能力、承压水开采能力、外调水入流等；第三类是模型基本参数输入，主要包含渠系、河道、排水渠道的蒸发和渗漏比例系数，当地未控径流的可利用水量比例系数，地下水供水的年、月开采上下界系数等，以及计算单元灌溉渠系蒸发、渗漏、入河道比例系数等。

（3）模型识别与方案生成层。水资源多维协同配置在水资源系统中以流域为单元进行调控，调控流域分区耗水总量平衡、地下水采补平衡问题，保证维持河道下游经济社会和生态环境用水要求；在经济社会系统中，以行政分区为单元进行调控，调控行政区水量平衡、水土平衡问题，保证国民经济与生态环境之间的协调、健康和可持续发展；在生态环境系统中，以河道关键控制断面和灌区为单元进行调控，调控河道关键控制断面水生态平衡、灌区排灌水盐平衡问题，确保良性的“二元”水循环与友好的生态环境响应，即所谓的人水和谐。

（4）方案评价层。通过对配置方案集进行水资源系统-经济社会系统-生态环境系统有序度评价和筛选，最终给出优选推荐方案。

第3章 水资源多维协同配置模型

3.1 水资源多维协同配置模型系统

水资源多维协同配置模型是基于流域/区域/计算单元的“自然-社会”二元水循环过程调控，涉及水资源、社会、经济、生态、环境等多目标的决策问题，以协同学“支配原理”为基础，将水资源系统、经济社会系统和生态环境系统作为有机整体，由控制参量预测模块、优化配置模块和有序度评价模块三部分组成（图3.1），以优化配置模块为核心，以控制参量和序参量为抓手，以多重循环耦合迭代技术为手段，以预测模块的控制参量为主要输入变量，将各子系统序参量融入水资源配置目标函数及约束条件中，以水资源-经济社会-生态环境复合系统的有序演化为总目标，运用有序度协同各序参量时空分布，通过模型多重循环耦合迭代计算，实现系统协同作用，使各子系统、各种构成要素围绕系统的总目标产生协同放大作用，最终达到系统高效协同状态，实现水资源-经济社会-生态环境复合系统的协同有序发展。

（1）控制参量预测模块：

1）在经济社会、水土资源、生态环境等规划的指导下，并结合所处的流域位置、发展现状及发展战略等，在充分考虑水资源禀赋条件、产业结构调整、节水和治污、生态环境保护等诸方面前提下，基于水资源、水环境承载能力和“以水定城、以水定地、以水定人、以水定产”的原则，对经济社会指标、产业结构和用水效率指标进行合理预测，生成经济社会及生态环境系统需水侧控制参量，为方案设置做准备。

2）基于MK法对地表水径流量进行趋势分析，进而利用构建的GA-BP模型对未来水平年地表水径流进行预测，利用地下水均衡模型与配置模型的动态耦合，定量刻画和模拟不同水资源开发利用模式下

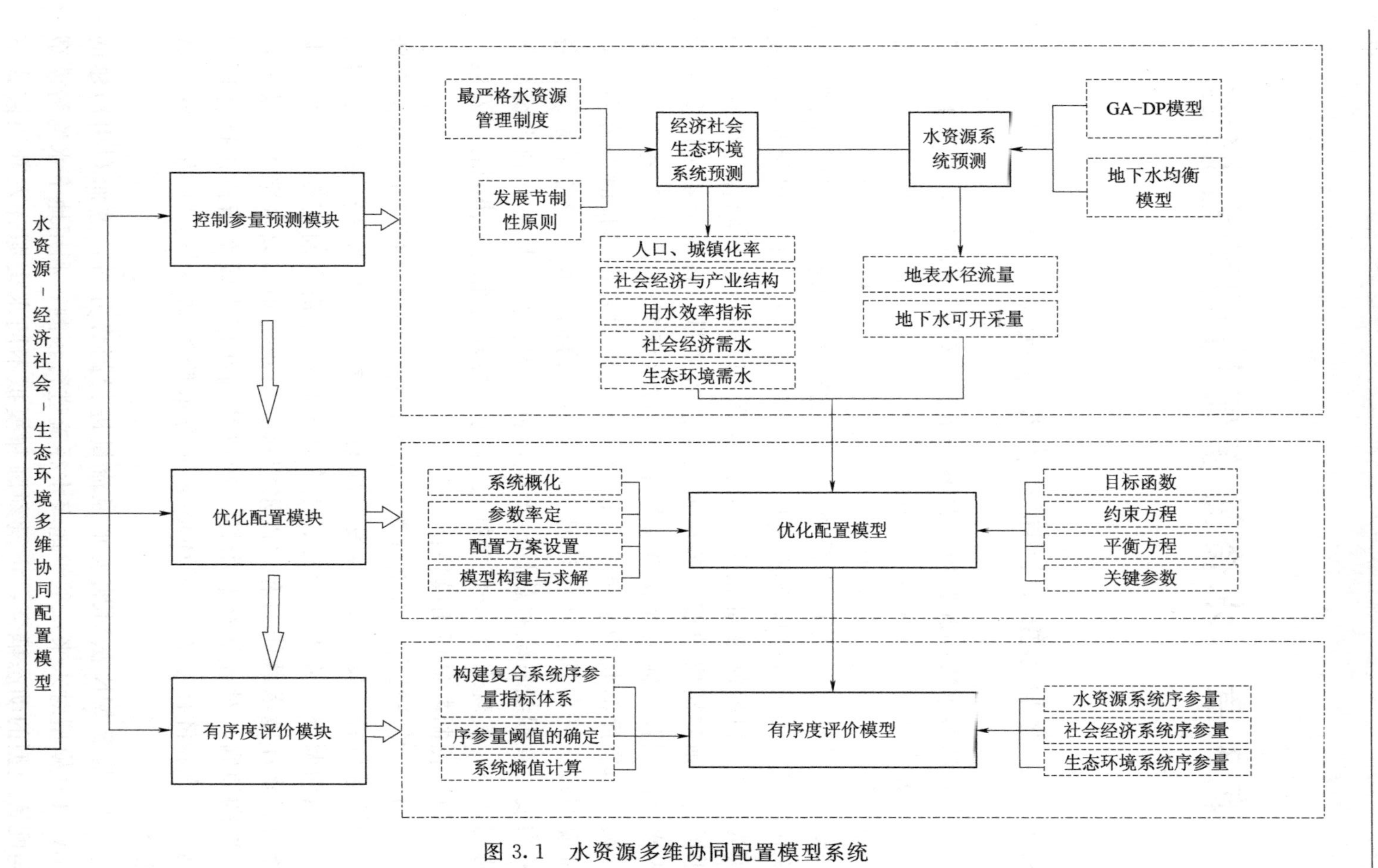

图 3.1　水资源多维协同配置模型系统

地下水可开采量，生成水资源系统供给侧控制参量，为方案设置做准备。

（2）优化配置模块：基于流域/区域/计算单元的“自然-社会”二元水循环过程调控，涉及水资源、社会、经济、生态、环境等多目标的决策问题，将水资源系统、经济社会系统和生态环境系统作为有机整体，由目标函数、决策变量和约束条件等组成，运用运筹学原理在优化配置模块牵引下实现水资源在不同时空尺度（流域/区域/计算单元，年/月）、不同水源、不同行业等多个维度上满足水资源-经济社会-生态环境协同配置要求的多重循环迭代计算。

（3）有序度评价模块：为合理评价多种水资源配置方案的优劣，根据协同学原理中的序参量和有序度，对水资源系统、经济社会系统、生态环境系统各设置了一正一负的序参量指标，给出了阈值范围和有序度的计算公式，构建了基于协同学原理的有序度评价模型，对流域水资源优化配置方案集进行评价和筛选。

3.2 控制参量预测模块

水资源配置受未来需水量预测结果、水资源量、模型求解精度等因子共同影响，其中未来需水量预测结果和水资源量是众多影响因子中的重要影响因子，可视为影响水资源配置主要因素。因此，将其作为模型的主要控制性参量，即主要输入变量。需水量预测结果受经济社会发展指标和需水定额发展水平共同影响，目前进行需水量预测时，通常以国家、地区、行业发展规划为依据，预测经济社会发展指标和需水定额，受规划定期修编和政策连贯性影响，较之相关预测模型，该法预测未来需水量具有一定的前瞻性和可靠性。水资源量在参与未来供水方案生成时，多以已有长系列降水、径流、地下水监测等资料为基础，采用典型年法或长系列年法、补给量法进行计算。

近年来气候变化异常，极端天气频发，受温室气体效应等影响，地区降水时空分布、产汇流时空分布、地下水位都较历史发生了一定变化，这些都使未来水资源量变化存在一定的未知性，进而影响水资源配置方案结果。因此，本书同时考虑流域地表水、地下水的动态变化，对其进行动态预测，作为模型的水资源系统供给侧输入参量（供给侧控制参量)。

3.2.1　经济社会系统预测分析

准确地预测水资源需求量是进行一切水资源规划管理工作的基础和有效手段，是进行水资源优化配置和多维临界调控的前提。如何合理有效地预测需水量，避免投资的浪费，减免用水危机的发生，合理预测水量需求，对于社会、经济和环境的协调发展，对重大水资源工程的正确决策和实施，乃至对市场经济条件下的用水管理，均具有重大意义。经过长期研究和工作实践，需水预测形成了多种多样的预测方法。从自变量与因变量的关系角度出发，即预测所用的样本数据与用水量之间的关系，可将需水预测方法分为主观预测法、时间序列法、结构分析法及系统分析法四大类，每一类都有其代表性的方法，如图 3.2 所示。根据预测周期的长短，需水量预测可以分为单周期预测方法和多周期预测方法[98]。往往随着预测周期的延长，各类不确定因素积累，导致预测误差增大。目前常用的方法有趋势分析法、工业用水弹性系数法、系统动力学法、人工神经网络、灰色系统预测方法及指标定额法等[99-104]。由于水资源配置系统中需水结构复杂，预测结果涉及国民经济发展的方方面面，只能采用指标定额法通过分析经济、人口、政策等因素综合确定各个行业及用水户在多种情景下的用水需求；而其他方法由于自身的局限性，往往只能做出部分行业及部门的需水参考，缺乏对经济社会发展的综合考量。本书通过整理分析研究区以往长系列发展数据、各种相关规划、城市发展定位、国际形势及国家政

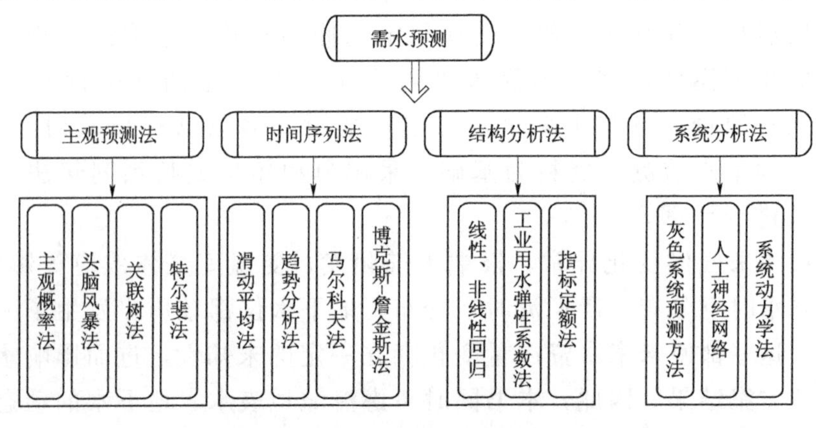

图 3.2　关于需水预测的几种类型

策方针等，采用指标定额法分多种情景确定研究区未来需水方案，为研究区实现水资源配置提供可靠的数据支撑。

人口预测是需水预测中的关键一环，无论是直接与人口数量密切关系的生活需水量，还是和人口发展有间接关系的建筑业及第三产业需水量，或者是采用人均综合需水量预测方法预测总需水量，人口的数量及变化趋势都直接影响着这几种需水的预测结果。人口增长与国家政策、地方发展规划及当地经济水平有关。一般情况下，有计划的人口增长是以一定的、较低的增长率发生缓慢增长，多年的数据会形成一条平滑的有趋势曲线。在这种情况下，对于短期预测可以采用简单的时间序列法，即可迅速有效地预测出未来人口数。需要注意的是，城镇人口和农村人口在生活用水方面有较大差别，因此，在人口预测中需要分别预测城镇人口和农村人口数，同时区域城镇化水平与一个区域的经济发展水平是相联系的。

经济指标预测相对人口预测更为复杂，首先将经济增长部分分为几项，根据农业、工业、第三产业等不同规划分别进行预测。经济增长率确定的主要依据是国家宏观政策及当地长短期规划，并结合当地自身条件及发展现状，预测其发展潜力和未来的发展方向。通常的需水预测工作中，农业经济部分的预测一般以实物规模为基准，例如种植面积、灌溉面积（粮食作物面积、经济作物面积）、标准牲畜数量等分类预测后，结合相应的需水定额进行需水量计算。工业行业因种类过多，工业经济部分分类预测十分烦琐且分行业用水定额难以测定，因此一般方法是将工业行业分为高耗水工业和一般耗水工业分别预测相应的产值增长率，得到工业产值或增加值。建筑业及第三产业经济部分的预测一般是结合城镇化率来进行，因为三者之间联系比较紧密。根据当地实际情况将所有分项经济指标预测结束后，最后要综合出经济总增长率，相对人口形成人均 GDP 值作为校核，并在最后相对总需水量形成万元 GDP 需水量作为校核。

3.2.2 水资源系统预测分析

3.2.2.1 地表水径流预测模型

考虑到未来来水条件对规划水平年水资源配置结果会有重要影响，需对研究区域地表水径流量进行有效预测，并在此基础上，对配置模型系统进行数据库更新。

1. 基于 Mann - Kendall 秩次检验的地表水径流趋势分析

Mann - Kendall 秩次检验法（简称 MK 法）也称作无分布检验法，其最大优点是不需要样本遵从一定的分布特征，也不受少数异常值的干扰，操作简单、定量化程度高、检测范围广，较为适用于水文、气象等非正态分布序列数据变化趋势的检验和分析[105-107]。

利用 MK 法进行地表径流趋势分析的基本步骤如下[108-109]：

步骤 1：对于具有 n 个独立分布的原始时间序列，水文站点地表径流样本为 $x=(x_1, x_2, \cdots, x_n)$，构成一秩序列统计量：

$$S_k=\sum_{i=1}^{k} r_i \quad (k=1,2,\cdots,n) \tag{3.1}$$

其中

$$r_i=\begin{cases}1 & x_i>x_j \\ 0 & x_i \leqslant x_j\end{cases} \quad (j=1,2,\cdots,i) \tag{3.2}$$

式中：S_k 为 x_i 大于 x_j 的个数累计值。

步骤 2：原序列随机独立且有相同连续分布时，定义 S_k 的均值和方差分别为

$$E(S_k)=\frac{k(k+1)}{4} \tag{3.3}$$

$$Var(S_k)=\frac{k(k-1)(2k+5)}{72} \tag{3.4}$$

步骤 3：定义 S_k 标准化后的统计量 UF_k 为

$$UF_k=\frac{S_k-E(S_k)}{\sqrt{Var(S_k)}} \tag{3.5}$$

步骤 4：将径流样本序列 x_i 逆序排列，同理计算得到另一条统计量序列曲线 UB，且统计量 UB_k 为

$$\begin{cases}UB_k=-UF_k \\ k=n+1-k\end{cases} \quad (k=1,2,\cdots,n) \tag{3.6}$$

步骤 5：采用双边趋势进行检验，给定显著性水平 α，查正态分布表，得到 α 显著性水平下临界值 $U_{\alpha/2}$。可通过置信区间检验来判断是否具有明显的变化趋势。具体判断标准为：若 $|UF_k|>U_{\alpha/2}$，则表明径流系列存在明显的变化趋势；且当 $UF_k>0$ 时，序列呈上升趋势；反之，则为下降趋势。

步骤 6：曲线 UF 与曲线 UB 在置信区间内的交点即为径流突变点。

2. 基于 GA－BP 模型的径流预测

本书选用遗传算法优化的误差反向传播算法（GA－BP）模型对流域地表水径流进行预测。

利用 GA 算法较强的宏观搜索及全局优化能力，可以有效避免 BP 神经网络存在的收敛速度较慢、易陷于局部极值等缺点。该模型利用 GA 算法对神经网络的权值、阈值进行寻优，并在缩小搜索范围后利用 BP 网络进行精确求解，使得神经网络能够在较短时间内达到全局最优且避免局部极值出现[110]。

GA－BP 模型包括三个主要部分：BP 神经网络结构确定、GA 优化及 BP 神经网络预测。其中，第一部分主要根据该模型输入输出参数的个数来确定其结构，同时能确定 GA 个体长度；第二部分 GA 优化 BP 神经网络的权值及阈值，GA 种群中每个个体都包含了一个网络所有权值及阈值，并通过适应度函数来计算个体适应度值，GA 再通过选择、交叉和变异等操作进而找到最优适应度值对应的个体；第三部分通过第二部分寻找到的最优个体对神经网络初始权值和阈值进行赋值，神经网络经训练后得到预测的输出结果。

GA－BP 模型的算法步骤如下[73,77-78]：

步骤 1：初始化种群 P 包括其交叉概率 P_c、交叉规模、突变概率 P_m 及初始权值 ω_{ih} 及 ω_{ho}，采用实数对其进行编码。

步骤 2：对个体评价函数进行计算并排序。

$$p_i = f / \sum_{i=1}^{N} f_i \tag{3.7}$$

$$f_i = 1/E(i) \tag{3.8}$$

$$E(i) = \sum_{k=1}^{m} \sum_{o=1}^{q} (d_o - \gamma O_o)^2 \tag{3.9}$$

式中：i 为染色体数目；O 为输出节点数；k 为样本数目；d 为期望输出；γO_o 为实际输出。

步骤 3：用交叉概率 P_c 对个体 G_i 和 G_{i+1} 进行交叉操作，进而产生新个体 G_i' 和 G_{i+1}'，未被交叉操作的个体直接复制采用；根据突变概率 P_m 突变产生新个体 G_j'。

步骤 4：将步骤 3 产生的新个体均插入到种群 P 中，并根据式（3.7）～式（3.9）计算新个体的评价函数。

步骤 5：判断算法是否结束，结束转向步骤 6，若不结束转向步骤3。

步骤6：算法结束，将最优个体解码即为优化后网络的连接权值系数，将该系数赋值给BP网络进行训练及预测输出。

3.2.2.2　地下水可开采量动态预测模型

地下水开采量一般用地下水可开采量控制。在水资源配置模型中根据有关资料分析得出多年平均地下水可开采量，作为地下水开采量的定值上限约束，即地下水开采量不能超出可开采量。但实际情况是，可开采量主要取决于地下水补给量和开采条件，当地下水补给量发生变化时，可开采量也会相应的发生变化。在地下水模型设计中，通过计算不同单元、不同时段的地下水各项补给量，得出分时段分地区地下水可开采量，在遵循多年平均不超采的原则下，以地下水动态可开采量作为地下水开采量上限约束，将地表水和地下水配置模块紧密联系起来，实现地下水动态采补平衡。

将水资源配置计算结果中相关的管网渗漏补给量、河湖水库渗漏补给量、田间渠系渗漏补给量及井灌回归量等输入水均衡模型，计算出地下水补给量，从而确定地下水可开采量。具体流程见图3.3。

具体计算步骤如下：

步骤1：根据水资源调查评价结果，给出地下水可开采量W_j作为水资源配置模型输入初值，并且设置$j=0$。

步骤2：将W_j和各类参数、参量及各种约束等输入配置模型数据库，通过配置模型长系列逐月调节计算，确定水资源配置结果。

步骤3：将水资源配置结果中各水源相关的管网渗漏补给量、河湖水库渗漏补给量、田间渠系渗漏补给量及井灌回归量等输入水均衡模型，得出各均衡单元地下水补给总量，并确定地下水可开采量W_j（j为迭代次数，$j=1, 2, \cdots, n$）。

步骤4：如果$|W_{j+1}-W_j|/W_j \leqslant \varepsilon$，则转向步骤5；否则，转向步骤2，并设置$j=j+1$，重复前一次运算过程。

步骤5，判断此时地下水可开采量是否处于合理开采或允许超采范围内，如果满足条件则进入步骤6，如果不满足条件则对供水能力、需水量及相关参数进行适当调整并返回步骤2。

步骤6：停止迭代计算，输出最终地下水可开采量。

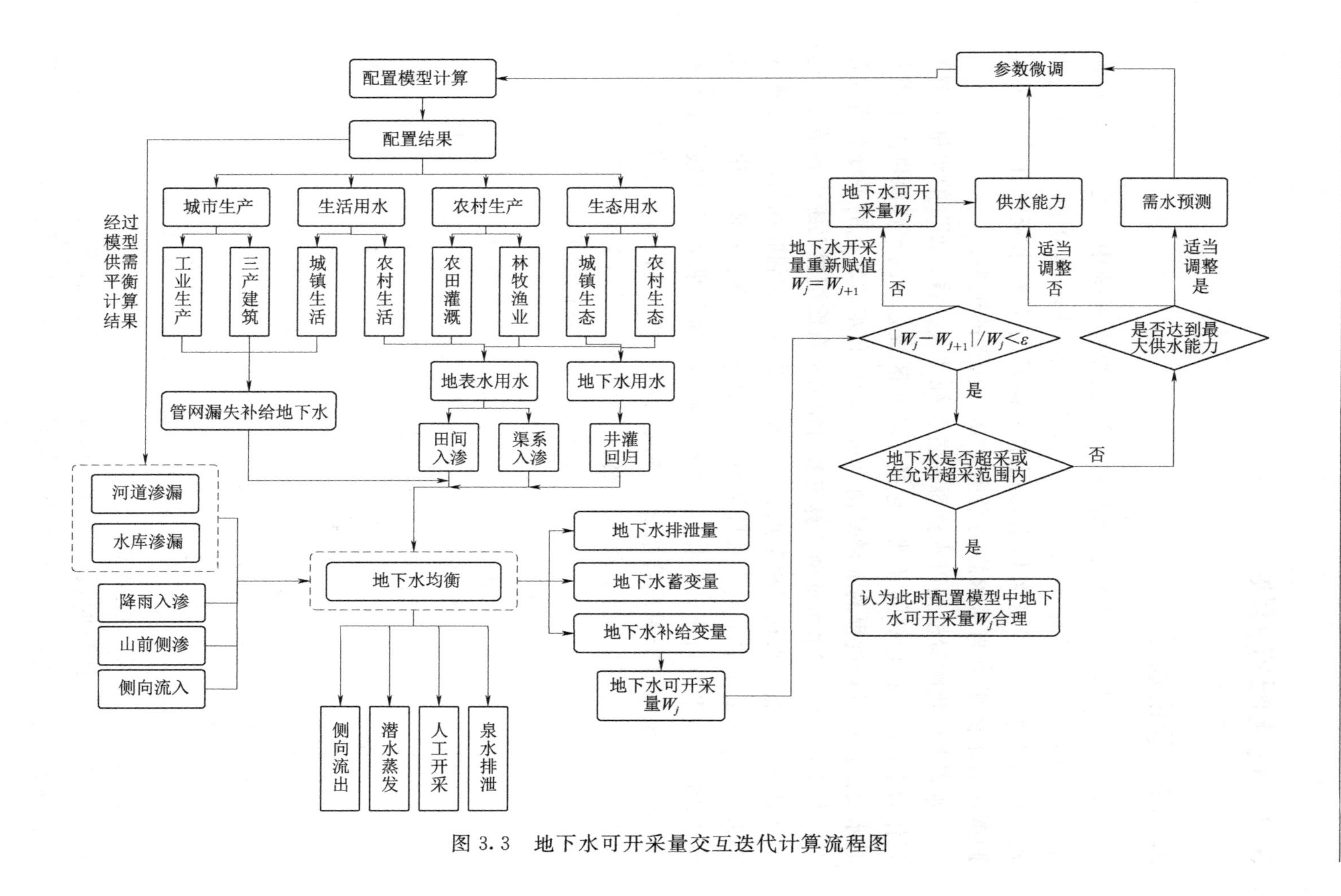

图 3.3 地下水可开采量交互迭代计算流程图

3.3　优化配置模块

3.3.1　建模思路

水资源优化配置模型是根据对水资源配置系统中人类经济活动所形成的水资源供用耗排关系及其特点的描述，建立以“三生”用水（生活用水、生产用水和生态用水）需求与天然水资源在水利工程调度运行下的供给与需求之间平衡计算为基础的模型。

水资源优化配置模型以水资源配置系统“点、线、面”的水量平衡关系作为水资源平衡计算的基础，包括流域或区域分区的水资源供需平衡及其水资源供用耗排过程的水量平衡、水量转化和水源转化的平衡分析计算等。其中，“点”的水量平衡计算主要对象为水资源配置系统中各节点，包括计算单元节点、水利工程节点、分水汇水节点、控制断面等，其平衡关系为计算单元的供需平衡、水量平衡、水量转化关系、水源转化关系、水利工程的水量平衡和分水汇水节点或控制断面的水量平衡等；“线”的水量平衡计算对象为水资源配置系统中各类输水线段，包括地表水输水管道、渠道、河道，跨流域调水的输水线路、弃水传输线路、污水排放的传输线路等，其平衡关系为供水量、损失水量和接受水量间的平衡、地表水地下水的水量转化关系等；“面”的水量平衡计算对象主要为流域或完整区域，其平衡关系为流域或区域的水资源供需平衡、水量平衡和水量转化关系。

将水资源配置系统的各类水量平衡关系概化为对系统内“点”“线”“面”对象关系的供需平衡、水量平衡和水量转化计算的描述，有助于对整个水资源配置系统关系的理解、有助于对各类水源变化的认识和处理、有助于设计和建立相应的计算规程、有助于对模型运行结果的分析，可极大地提高模型系统运行有效性。

水资源优化配置模型由数据输入、模型参数、平衡方程和约束条件、目标函数、结果输出等部分组成。

(1) 数据输入。基本元素主要包括行政分区、水资源分区、计算单元、水库、节点、水功能区、湖泊湿地、需水部门分类、规划水平年、水源分类、计算时段选择等；河渠系网络包括当地地表水渠道连线、外调水渠道连线、提水连线、河流连线、排水连线、流域水资源分区连线等；河渠道基本信息包括地表水渠道、外调水渠道、提水渠道、排水渠道、河道等的工程特性参数；计算单元信息包括需水过程、计算单元未控径流量、河网调蓄能力、污水处理参数、灌溉水利用系数、地下水可利用量等；水利工程基本信息包括水库特征参数、水库和节点入流等；其他信息包括湖泊湿地信息，如保护面积、耗水期望值等。

（2）模型参数：包括渠系、河道、排水渠道的蒸发和渗漏比例系数，当地未控径流的可利用水量比例系数，地下水供水的年、月开采上下界系数等，计算单元灌溉渠系蒸发、渗漏、入河道比例系数等。

（3）平衡方程和约束条件：包括计算单元、水库、节点、外调水工程等水量平衡方程，水库、渠道、污水回用、地下水、当地未控径流、湖泊、湿地、河道、农业“宽浅式破坏”等的约束条件。

（4）目标函数：包括社会系统目标、经济系统目标、生态系统目标这几类目标函数，可用统一的数学结构表达。

（5）结果输出：按水资源分区、行政分区、供水水源、水利工程、节点、渠道等提供各类统计结果。计算单元、节点、渠系等的长系列月过程，可根据需要统计各类结果。

3.3.1.1 目标函数

1. 经济系统目标

水资源配置经济子系统的主要功能是尽量满足河道外需水要求，因此，选用供水量最大化，实现对经济子系统的序参量调控。

$$
\begin{aligned}
F_1 = \max\{ & \sum_{i=1}^{I}\sum_{j=1}^{J}\sum_{t=1}^{T}\alpha_{\text{sur}}(XCSC_{ijt} + XCSI_{ijt} + XCSE_{ijt} + XCSA_{ijt} + XCSR_{ijt} \\
& + XCSV_{ijt}) + \sum_{i=1}^{I}\sum_{j=1}^{J}\sum_{t=1}^{T}\alpha_{\text{div}}(XCDC_{ijt} + XCDI_{ijt} + XCDE_{ijt} + XCDA_{ijt} \\
& + XCDR_{ijt} + XCDV_{ijt}) + \sum_{i=1}^{I}\sum_{j=1}^{J}\sum_{t=1}^{T}\alpha_{\text{grd}}(XZGC_{ijt} + XZGI_{ijt} + XZGE_{ijt} \\
& + XZGA_{ijt} + XZGR_{ijt} + XZGV_{ijt}) + \sum_{i=1}^{I}\sum_{j=1}^{J}\sum_{t=1}^{T}\alpha_{\text{rec}}(XZTI_{ijt} + XZTE_{ijt} \\
& + XZTA_{ijt} + XZTV_{ijt})\}
\end{aligned}
\tag{3.10}
$$

式中：F_1 为流域供水总量，其值越大，表明流域水资源优化配置的经济效益越好；α_{sur}、α_{div}、α_{grd}、α_{rec} 分别为地表水、外调水、地下水及再生水的供水权重系数；$XCSC_{ijt}$、$XCSI_{ijt}$、$XCSE_{ijt}$、$XCSA_{ijt}$、$XCSR_{ijt}$、$XCSV_{ijt}$ 分别为第 t 个时段第 i 个子流域内第 j 个行政单元地表水

供城镇生活、工业、城镇生态、农业、农村生活和农村生态供水量，外调水、地下水及再生水对各用水户供水依此类推，再生水仅对工业、城镇生态农业及农村生态供水；T 为总的计算时段，以月为单位；I 为子流域个数；J 为行政分区个数。

2. 社会系统目标

实现水资源在不同行业及不同地区间的供水公平，是水资源配置社会子系统的最终目标。因此，运用供水基尼系数概念[44,72]，通过优化有限水资源在不同行业和不同流域间的分配方式，以最小化供水基尼系数实现经济社会系统的序参量调控。

$$\left.\begin{aligned}
&F_2=\min\left\{\sum_{t=1}^{T}\sum_{k=1}^{K}\sum_{k'=2,k'>k}^{K}\left(\frac{\alpha^{k}W_{ijt}^{k}/D_{ijt}^{k}-\alpha^{k'}W_{ijt}^{k'}/D_{ijt}^{k'}}{TKM_{ijt}}\right)\right\}\\
&F_3=\min\left\{\sum_{t=1}^{T}\sum_{j=1}^{J}\sum_{j'=2,j'>j}^{J}\left(\frac{W_{it}^{j}/D_{it}^{j}-W_{it}^{j'}/D_{it}^{j'}}{TJM_{it}}\right)\right\}\\
&M_{ijt}=\sum_{k=1}^{K}\frac{\alpha^{k}W_{ijt}^{k}}{D_{ijt}^{k}};M_{it}=\sum_{j=1}^{J}\sum_{k=1}^{K}\frac{W_{ikt}^{j}}{D_{ikt}^{j}};W_{it}^{j}=\sum_{k=1}^{K}W_{ikt}^{j};D_{it}^{j}=\sum_{k=1}^{K}D_{ikt}^{j}
\end{aligned}\right\}\tag{3.11}$$

式中：F_2、F_3 分别为行业供水基尼系数和行政分区基尼系数，其值越小，表明水资源配置在各行业和各行政分区间的公平性越好；W_{ijt}^{k}、D_{ijt}^{k} 分别为 t 时段第 i 个子流域 j 行政分区内 k 行业的供水量和需水量；k、k'分别为第 k、k'行业，包含城镇生活、农村生活、工业、农业、城镇生态、农村生态；K 为行业个数；α^k 为第 k 个行业的供水优先序参数；$W_{ijt}^{k'}$、$D_{ijt}^{k'}$、$\alpha^{k'}$含义依此类推；M_{ijt} 为 t 时段第 i 个子流域 j 行政分区全部行业供水量与需水量比值之总和；M_{it} 为 t 时段第 i 个子流域全部行政分区供水量与需水量比值之和；W_{it}^{j} 为 t 时段第 i 个子流域部行政分区 j 总供水量；D_{it}^{j} 为 t 时段第 i 个子流域部行政分区 j 总需水量。

3. 生态环境系统目标

西北内陆区河流尾闾河岸林荒漠化严重，基于2.3.3节中西北内陆区水循环与生态系统演变的耦合量化响应关系，保证流域重要控制断面最小下泄水量是实现西北内陆区生态环境系统良性循环的关键措施。因此，选用最大化断面最小生态环境水量满足程度实现对生态环境子系统的序参量调控。

$$F_4=\max\sum_{t=1}^{T}\sum_{l=1}^{L}\left\{\alpha_t\frac{W_{lt}^{e}}{D_{lt}^{e}}\right\}\tag{3.12}$$

式中：F_4 为河道生态环境满足度系数，其值越大，表明河道内生态环境需水满足程度越高；W_{lt}^e、D_{lt}^e 分别为第 t 时段第 l 个河道断面的河道生态环境下泄量和河道生态环境需水量；α_t 为第 t 时段河段下泄量敏感系数，基于 2.3.3 节中输水时间与植被种子成熟、萌发期相关性设置敏感参数。

4. 综合目标

根据效益层级服从原理，对于不同配置单元，全面考虑其水资源及生态环境承载能力，对不同子系统的供水效益目标赋予合理的权重系数，使其水资源配置的综合目标达到最优。

$$Z=\lambda_1 F_1-\lambda_2 F_2-\lambda_3 F_3+\lambda F_4 \tag{3.13}$$

式中：λ_1、λ_2、λ_3 分别为水资源系统、经济社会系统和生态环境系统的权重参数。

3.3.1.2 平衡方程及约束条件

模型的主要平衡方程及约束条件如下：

(1) 河道内用水约束，包括河道内各控制断面的生态环境、水景观等需水量，有外部量，可由外部给定。

(2) 地下水开采量和地下水位约束，主要包括地下水可开采量和地下水位临界阈值，其中地下水位临界阈值由外部给定，而地下水可开采量，由地下水计算模块给出。

(3) 水库分水约束，对于向多个计算单元同时供水的水库，如果完全按优化目标进行水量优化分配，在枯水年或偏枯水年就可能出现：距离水库越近的计算单元供水量越多，需水越容易得以满足，而越远的计算单元供水量越少，破坏程度越大。大量的实践经验表明，无论是从时间分布还是从空间分布的角度看，需水发生破坏时，都是以“宽浅式”破坏所造成的损失最小，当遇到缺水破坏时模型自动采取“宽浅式”破坏模式予以处理。

(4) 流域控制断面的分水约束，可以事先给定，也可由模型通过长系列调算给定或通过调算对事先给定的约束进行修正。

(5) 水库调度方式约束，可按现行的调度规则（调度线）来调度，也可直接调用水库（群）优化调度模块进行调度，同时还可以对不尽合理的现行调度规则（调度线）进行修正或优化处理。

(6) 来水约束，由外部给定。

(7) 污水处理回用量约束，由外部给定。

（8）水量平衡方程，包括水库、分水节点的水量平衡方程、计算单元的供水水量平衡方程等。

（9）水库水位、河流和渠道过流能力、河流和渠道最小流量等约束。

下面只给出关键平衡方程及约束条件的数学方程。

1. 平衡方程

模型的关键平衡方程主要包括水库、节点和计算单元的水量平衡方程，具体表达式如下，各变量、参数的含义见附表1。

（1）水库水量平衡方程：

$$
\begin{aligned}
XRSV_{tm}^{ir} = {} & XRSV_{tm-1}^{ir} + PRSV_{tm}^{ir} + \sum_{ls(u(ir),ir)} PCSC^{ls(u(ir),ir)} \cdot XCSRL_{tm}^{ls(u(ir),ir)} \\
& + \sum_{ls(u(nd),ir)} PCSC^{ls(u(nd),ir)} \cdot XCSRL_{tm}^{ls(u(nd),ir)} + \sum_{ld(u(ir),ir)} PCSC^{ld(u(ir),ir)} \\
& \cdot XCDRL_{tm}^{ld(u(ir),ir)} + \sum_{ld(u(nd),ir)} PCSC^{ld(u(nd),ir)} \cdot XCDRL_{tm}^{ld(u(nd),ir)} \\
& + \sum_{lp(u(ir),ir)} PCSC^{lp(u(ir),ir)} \cdot XCPRL_{tm}^{ld(u(ir),ir)} + \sum_{lp(u(nd),ir)} PCSC^{lp(u(nd),ir)} \\
& \cdot XCPRL_{tm}^{ld(u(nd),ir)} + \sum_{lo(u(j),ir)} PCSC^{lo(u(j),ir)} \cdot XZSO_{tm}^{lo(u(j),ir)} \\
& - \sum_{ls(ir,d(j))} (XCSRC_{tm}^{ls(ir,d(j))} + XCSRI_{tm}^{ls(ir,d(j))} + XCSRA_{tm}^{ls(ir,d(j))} \\
& + XCSRE_{tm}^{ls(ir,d(j))} + XCSRR_{tm}^{ls(ir,d(j))}) - \sum_{ld(ir,d(j))} (XCDRC_{tm}^{ld(ir,d(j))} \\
& + XCDRI_{tm}^{ld(ir,d(j))} + XCDRA_{tm}^{ld(ir,d(j))} + XCDRE_{tm}^{ld(ir,d(j))} \\
& + XCDRR_{tm}^{ld(ir,d(j))}) - \sum_{lp(ir,d(j))} (XCPRC_{tm}^{lp(ir,d(j))} + XCPRI_{tm}^{lp(ir,d(j))} \\
& + XCPRA_{tm}^{lp(ir,d(j))} + XCPRE_{tm}^{lp(ir,d(j))} + XCPRR_{tm}^{lp(ir,d(j))}) \\
& - \sum_{ls(ir,d(j))} XCSRL_{tm}^{ls(ir,d(ir))} - \sum_{ls(ir,d(nd))} XCSRL_{tm}^{ls(ir,d(nd))} - \sum_{ld(ir,d(j))} XCDRL_{tm}^{ld(ir,d(ir))} \\
& - \sum_{ld(ir,d(nd))} XCDRL_{tm}^{ld(ir,d(nd))} - \sum_{lp(ir,d(j))} XCPRL_{tm}^{lp(ir,d(ir))} \\
& - \sum_{lp(ir,d(nd))} XCPRL_{tm}^{lp(ir,d(nd))} - XRSLO_{tm}^{ir}
\end{aligned}
\tag{3.14}
$$

（2）节点水量平衡方程：

$$
\begin{aligned}
& PNSF_{tm}^{nd} + \sum_{ls(u(ir),nd)} PCSC^{ls(u(ir),nd)} \cdot XCSRL_{tm}^{ls(u(ir),nd)} + \sum_{ls(u(nd),nd)} PCSC^{ls(u(nd),nd)} \\
& \cdot XCSRL_{tm}^{ls(u(nd),nd)} + \sum_{ld(u(ir),nd)} PCSC^{ld(u(ir),nd)} \cdot XCDRL_{tm}^{ld(u(ir),nd)} \\
& + \sum_{ld(u(nd),ir)} PCSC^{ld(u(nd),nd)} \cdot XCDRL_{tm}^{ld(u(nd),nd)} + \sum_{lp(u(ir),nd)} PCSC^{lp(u(ir),nd)}
\end{aligned}
$$

$$\cdot XCPRL_{tm}^{ld(u(ir),nd)} + \sum_{lp(u(nd),ir)} PCSC^{lp(u(nd),nd)} \cdot XCPRL_{tm}^{lp(u(nd),nd)}$$

$$+ \sum_{lp(u(ir),nd)} PCSC^{lp(u(ir),nd)} \cdot XCPRL_{tm}^{ld(u(ir),nd)} + \sum_{lp(u(nd),ir)} PCSC^{lp(u(nd),nd)}$$

$$\cdot XCPRL_{tm}^{lp(u(nd),nd)} + \sum_{lo(u(j),nd)} PCSC^{lo(u(j),nd)} \cdot XZSO_{tm}^{lo(u(j),nd)}$$

$$- \sum_{ls(nd,d(j))} (XCSRC_{tm}^{ls(nd,d(j))} + XCSRI_{tm}^{ls(nd,d(j))} + XCSRA_{tm}^{ls(nd,d(j))}$$

$$+ XCSRE_{tm}^{ls(nd,d(j))} + XCSRR_{tm}^{ls(nd,d(j))}) - \sum_{ld(nd,d(j))} (XCDRC_{tm}^{ld(nd,d(j))}$$

$$+ XCDRI_{tm}^{ld(nd,d(j))} + XCDRA_{tm}^{ld(nd,d(j))} + XCDRE_{tm}^{ld(nd,d(j))}$$

$$+ XCDRR_{tm}^{ld(nd,d(j))}) - \sum_{lp(nd,d(j))} (XCPRC_{tm}^{lp(nd,d(j))} + XCPRI_{tm}^{lp(nd,d(j))}$$

$$+ XCPRA_{tm}^{lp(nd,d(j))} + XCPRE_{tm}^{lp(nd,d(j))} + XCPRR_{tm}^{lp(nd,d(j))})$$

$$- \sum_{ls(nd,d(j))} XCSRL_{tm}^{ls(nd,d(ir))} - \sum_{ls(nd,d(nd))} XCSRL_{tm}^{ls(nd,d(nd))} - \sum_{ld(nd,d(j))} XCDRL_{tm}^{ld(nd,d(ir))}$$

$$- \sum_{ld(nd,d(nd))} XCDRL_{tm}^{ld(nd,d(nd))} - \sum_{lp(nd,d(j))} XCPRL_{tm}^{lp(nd,d(ir))}$$

$$- \sum_{lp(nd,d(nd))} XCPRL_{tm}^{lp(md,d(nd))} = 0 \tag{3.15}$$

(3) 计算单元水量平衡方程。主要包括计算单元供需平衡方程、计算单元地表水供水平衡方程、计算单元外调水供水平衡方程和计算单元提水供水平衡方程等。

1) 计算单元供需平衡方程：

$$PZWC_{tm}^{j} = XZSFC_{tm}^{j} + XCSC_{tm}^{j} + XCDC_{tm}^{j} + XCPC_{tm}^{j} + XZGC_{tm}^{j} + XZMC_{tm}^{j} \tag{3.16}$$

$$PZWI_{tm}^{j} = XZSFI_{tm}^{j} + XCSI_{tm}^{j} + XCDI_{tm}^{j} + XCPI_{tm}^{j} + XZTI_{tm}^{j} + XZGI_{tm}^{j} + XZMI_{tm}^{j} \tag{3.17}$$

$$PZWE_{tm}^{j} = XZSFE_{tm}^{j} + XCSE_{tm}^{j} + XCDE_{tm}^{j} + XCPE_{tm}^{j} + XZTE_{tm}^{j} + XZGE_{tm}^{j} + XZME_{tm}^{j} \tag{3.18}$$

$$PZWA_{tm}^{j} = XZSFA_{tm}^{j} + XCSA_{tm}^{j} + XCDA_{tm}^{j} + XCPA_{tm}^{j} + XZTA_{tm}^{j} + XZSNA_{tm}^{j} + XZGA_{tm}^{j} + XZMA_{tm}^{j} \tag{3.19}$$

$$PZWR_{tm}^{j} = XZSFR_{tm}^{j} + XCSR_{tm}^{j} + XCDR_{tm}^{j} + XCPR_{tm}^{j} + XZGR_{tm}^{j} + XZMR_{tm}^{j} \tag{3.20}$$

2) 计算单元地表水供水平衡方程：

$$XCSC_{tm}^{j} = \sum_{ls(u(ir),j)} PCSC^{ls(u(ir),j)} \cdot XCSRC_{tm}^{ls(u(ir),j)}$$

$$+\sum_{ls(u(nd),j)} PCSC^{ls(u(nd),j)} \cdot XCSRC_{tm}^{ls(u(nd),j)} \tag{3.21}$$

$$XCSI_{tm}^{j} = \sum_{ls(u(ir),j)} PCSC^{ls(u(ir),j)} \cdot XCSRI_{tm}^{ls(u(ir),j)} + \sum_{ls(u(nd),j)} PCSC^{ls(u(nd),j)} \cdot XCSRI_{tm}^{ls(u(nd),j)} \tag{3.22}$$

$$XCSA_{tm}^{j} = \sum_{ls(u(ir),j)} PCSC^{ls(u(ir),j)} \cdot XCSRA_{tm}^{ls(u(ir),j)} + \sum_{ls(u(nd),j)} PCSC^{ls(u(nd),j)} \cdot XCSRA_{tm}^{ls(u(nd),j)} \tag{3.23}$$

$$XCSE_{tm}^{j} = \sum_{ls(u(ir),j)} PCSC^{ls(u(ir),j)} \cdot XCSRE_{tm}^{ls(u(ir),j)} + \sum_{ls(u(nd),j)} PCSC^{ls(u(nd),j)} \cdot XCSRE_{tm}^{ls(u(nd),j)} \tag{3.24}$$

$$XCSR_{tm}^{j} = \sum_{ls(u(ir),j)} PCSC^{ls(u(ir),j)} \cdot XCSRR_{tm}^{ls(u(ir),j)} + \sum_{ls(u(nd),j)} PCSC^{ls(u(nd),j)} \cdot XCSRR_{tm}^{ls(u(nd),j)} \tag{3.25}$$

3）计算单元外调水供水平衡方程：

$$XCDC_{tm}^{j} = \sum_{ld(u(ir),j)} PCSC^{ld(u(ir),j)} \cdot XCSRC_{tm}^{ld(u(ir),j)} + \sum_{ld(u(nd),j)} PCSC^{ld(u(nd),j)} \cdot XCSRC_{tm}^{ld(u(nd),j)} \tag{3.26}$$

$$XCDI_{tm}^{j} = \sum_{ld(u(ir),j)} PCSC^{ld(u(ir),j)} \cdot XCSRI_{tm}^{ld(u(ir),j)} + \sum_{ld(u(nd),j)} PCSC^{ld(u(nd),j)} \cdot XCSRI_{tm}^{ld(u(nd),j)} \tag{3.27}$$

$$XCDA_{tm}^{j} = \sum_{ld(u(ir),j)} PCSC^{ld(u(ir),j)} \cdot XCSRA_{tm}^{ld(u(ir),j)} + \sum_{ld(u(nd),j)} PCSC^{ld(u(nd),j)} \cdot XCSRA_{tm}^{ld(u(nd),j)} \tag{3.28}$$

$$XCDE_{tm}^{j} = \sum_{ld(u(ir),j)} PCSC^{ld(u(ir),j)} \cdot XCSRE_{tm}^{ld(u(ir),j)} + \sum_{ld(u(nd),j)} PCSC^{ld(u(nd),j)} \cdot XCSRE_{tm}^{ld(u(nd),j)} \tag{3.29}$$

$$XCDR_{tm}^{j} = \sum_{ld(u(ir),j)} PCSC^{ld(u(ir),j)} \cdot XCSRR_{tm}^{ld(u(ir),j)} + \sum_{ld(u(nd),j)} PCSC^{ld(u(nd),j)} \cdot XCSRR_{tm}^{ld(u(nd),j)} \tag{3.30}$$

4）计算单元提水供水平衡方程：

$$XCPC_{tm}^{j} = \sum_{lp(u(ir),j)} PCSC^{lp(u(ir),j)} \cdot XCSRC_{tm}^{lp(u(ir),j)}$$

$$+\sum_{lp(u(nd),j)} PCSC^{lp(u(nd),j)} \cdot XCSRC_{tm}^{lp(u(nd),j)} \tag{3.31}$$

$$XCPI_{tm}^{j}=\sum_{lp(u(ir),j)} PCSC^{lp(u(ir),j)} \cdot XCSRI_{tm}^{lp(u(ir),j)} + \sum_{lp(u(nd),j)} PCSC^{lp(u(nd),j)} \cdot XCSRI_{tm}^{lp(u(nd),j)} \tag{3.32}$$

$$XCPA_{tm}^{j}=\sum_{lp(u(ir),j)} PCSC^{lp(u(ir),j)} \cdot XCSRA_{tm}^{lp(u(ir),j)} + \sum_{lp(u(nd),j)} PCSC^{lp(u(nd),j)} \cdot XCSRA_{tm}^{lp(u(nd),j)} \tag{3.33}$$

$$XCPE_{tm}^{j}=\sum_{lp(u(ir),j)} PCSC^{lp(u(ir),j)} \cdot XCSRE_{tm}^{lp(u(ir),j)} + \sum_{lp(u(nd),j)} PCSC^{lp(u(nd),j)} \cdot XCSRE_{tm}^{lp(u(nd),j)} \tag{3.34}$$

$$XCPR_{tm}^{j}=\sum_{lp(u(ir),j)} PCSC^{lp(u(ir),j)} \cdot XCSRR_{tm}^{lp(u(ir),j)} + \sum_{lp(u(nd),j)} PCSC^{lp(u(nd),j)} \cdot XCSRR_{tm}^{lp(u(nd),j)} \tag{3.35}$$

2. 约束条件

约束条件主要包含可供水量约束、河道生态约束、水库库容约束、河道渠道过流能力约束等。具体约束条件表达式如下，各变量、参数的含义见附表1。

(1) 可供水量约束。

1) 计算单元当地可利用水供水约束方程：

$$XZSFC_{tm}^{j}+XZSFI_{tm}^{j}+XZSFA_{tm}^{j}+XZSFE_{tm}^{j}+XZSFR_{tm}^{j} \leqslant PWSFC^{j} \cdot PWSF_{tm}^{j} \tag{3.36}$$

2) 计算单元地下水供水约束方程：

$$XZGC_{tm}^{j}+XZGI_{tm}^{j}+XZGA_{tm}^{j}+XZGE_{tm}^{j}+XZGR_{tm}^{j} \leqslant PZGTU^{j} \cdot PZGW_{tm}^{j} \tag{3.37}$$

3) 计算单元外调水供水约束方程：

$$XCDRC_{tm}^{j}+XCDRI_{tm}^{j}+XCDRA_{tm}^{j}+XCDRE_{tm}^{j}+XCDRR_{tm}^{j} \leqslant PQD_{tm}^{j} \tag{3.38}$$

4) 计算单元再生水供水约束方程：

$$XZTI_{tm}^{j}+XZTA_{tm}^{j}+XZTE_{tm}^{j} \leqslant PQT_{tm}^{j} \tag{3.39}$$

5) 计算单元污水回用约束方程：

$$\sum_{j=1}^{n} XZTR_{tm}^{j} \geqslant \lambda^{j} \cdot XQTS_{tm}^{j} \tag{3.40}$$

式中：$XQTS_{tm}^{j}$ 为第 j 个计算单元的污水处理量；λ^{j} 为第 j 个计算单元的规划再生水回用率，且

$$XZTR_{tm}^{j}=(PZWC_{tm}^{j}-XZMC_{tm}^{j})\cdot PCSCC_{tm}^{j}\cdot PZTCD_{tm}^{j}\cdot PZTCT_{tm}^{j}\cdot PZTCR_{tm}^{j}+(PZWI_{tm}^{j}-XZMI_{tm}^{j})\cdot PCSCI_{tm}^{j}\cdot PZTID_{tm}^{j}\cdot PZTIT_{tm}^{j}\cdot PZTIR_{tm}^{j} \tag{3.41}$$

（2）河道生态约束。

$$XRQ_{\max}^{l}\geqslant XRQ^{l}\geqslant XRQ_{\min}^{l} \tag{3.42}$$

式中：$XRQ_{\max}^{l}$ 为第 l 条河流的河道最大过流能力；XRQ^{l} 为第 l 条河流的实际过流量；$XRQ_{\min}^{l}$ 为第 l 条河流的最小生态需水流量。

（3）水库库容约束。

$$PRSL_{tm}^{ir}\leqslant XRSV_{tm}^{ir}\leqslant PRSU_{tm}^{ir} \tag{3.43}$$

其中

$$PRSU_{tm}^{ir}=\begin{cases}PRSU1_{tm}^{ir} & (tm\text{ 为非汛期})\\ PRSU2_{tm}^{ir} & (tm\text{ 为汛期})\end{cases} \tag{3.44}$$

（4）河流渠道过流能力约束。

$$XCSRC_{tm}^{ls(u(n),j)}+XCSRI_{tm}^{ls(u(n),j)}+XCSRA_{tm}^{ls(u(n),j)}+XCSRE_{tm}^{ls(u(n),j)}+XCSRR_{tm}^{ls(u(n),j)}=XCSRL_{tm}^{ls(u(n),j)} \tag{3.45}$$

$$XCDRC_{tm}^{ld(u(n),j)}+XCDRI_{tm}^{ld(u(n),j)}+XCDRA_{tm}^{ld(u(n),j)}+XCDRE_{tm}^{ld(u(n),j)}+XCDRR_{tm}^{ld(u(n),j)}=XCDRL_{tm}^{ld(u(n),j)} \tag{3.46}$$

$$XCPRC_{tm}^{lp(u(n),j)}+XCPRI_{tm}^{lp(u(n),j)}+XCPRA_{tm}^{lp(u(n),j)}+XCPRE_{tm}^{lp(u(n),j)}+XCPRR_{tm}^{lp(u(n),j)}=XCPRL_{tm}^{lp(u(n),j)} \tag{3.47}$$

$$PCSL_{tm}^{ls}\leqslant XCSRL_{tm}^{ls}\leqslant PCSU_{tm}^{ls} \tag{3.48}$$

$$PCSL_{tm}^{ld}\leqslant XCDRL_{tm}^{ld}\leqslant PCSU_{tm}^{ld} \tag{3.49}$$

$$PCSL_{tm}^{lp}\leqslant XCPRL_{tm}^{lp}\leqslant PCSU_{tm}^{lp} \tag{3.50}$$

3.3.2 参数率定

模型参数率定方法是基于水资源配置的思路，通过基准年水资源分区的耗水平衡分析确定模型的各类参数。水资源调查评价、开发利用评价及耗水平衡分析等成果，是分析现状水资源分区供用耗排关系的基础，通过分析整理可以确定基准年经济和生态环境的耗水水平。在该耗水水平下进行基准年水资源供需和耗水平衡分析，可初步确定模型的各类参数；根据所建立的基准年与未来水平年的耗水关系，通过对基准年和各水平年耗水平衡分析的反复计算和调整，综合确定模

型的参数。

模型参数率定需要考虑的主要因素有：地表水供水量、地下水供水量、地表水可利用量、水资源分区经济耗水率、主要控制断面下泄流量、地下水补给量与开采量、经济耗水与生态耗水比例、水资源分区蓄水变量的控制等。

（1）地表水与地下水供水量：地表水供水量参照近10～20年各业用水量统计数据；地下水供水量参照各计算单元近年地下水平均供水量和可开采量，扣除超采部分；综合分析确定计算单元缺水量。

（2）地表水可利用量：各水资源分区地表水耗水量不大于可利用量。

（3）水资源分区经济耗水率：根据水资源开发利用等成果确定各水资源分区农业耗水率和经济耗水率，再由初步给定的参数计算各水资源分区农业耗水量和经济耗水量，得到农业耗水率和经济耗水率。对比两者的结果，若不接近，则调整相关的参数，使农业耗水率和经济耗水率达到预定值。与农业耗水率相关的主要参数有：灌溉水利用系数，渠系蒸发、渗漏和排入河道比例系数，田间净水量补给地下水比例系数等。与经济耗水率相关的主要参数有：城镇生活、工业污水排放率，相应的渠系输水蒸发，以及农业耗水率的相关参数。

（4）主要控制断面下泄流量：控制断面的下泄水量综合反映了控制断面上游区域的耗水水平，特别是近10～20年的平均耗水量可作为基准年耗水水平的参考依据。理论上，断面的天然径流量减去实测径流量等于总耗水量。因此，评估和判断断面天然径流量的还原精度是确定断面上游合理耗水水平的基础。当确定了经济耗水量、生态环境耗水量，以及两者合理的比例，即可确定断面的下泄水量。

（5）地下水补给量与开采量：在不发生区域性水位持续下降的情况下，地下水的补给量与开采量是平衡的，通过调整与地下水补给有关的各种参数达到采补平衡。若发生区域性水位持续下降，应综合确定合理的地下水补给量。

（6）经济耗水与生态耗水比例：根据各水资源分区耗水平衡计算结果，分析两者的比例是否合理。若不合理，则调整经济耗水、生态环境耗水、河道下泄水量（或入海水量、河道尾闾湖泊湿地）三者的比例。

(7) 水资源分区蓄水变量：在流域水资源稳定、地下水采补基本平衡的情况下，多年平均流域水资源分区的蓄水变量、平原区地下水的蓄水变量趋于零。由于不确定因素和各种误差，应将蓄水变量控制在一定的均衡差内。若不满足，则进行调整。

模型参数率定的基本步骤如下：

步骤1：从整体上控制计算单元地表水与地下水的供水量、耗水量，不超过地表水可利用量和地下水可开采量。

步骤2：调整基准年水资源分区农业耗水率和综合耗水率达到或接近目标值。

步骤3：确定主要控制断面河道下泄水量。以近10～20年水文站实测径流系列资料和天然径流系列资料为主要依据，考虑断面上游水利工程和湖泊湿地调蓄、下垫面变化等的影响，综合确定断面河道下泄水量。

步骤4：根据流域水资源分区的耗水平衡计算结果，综合分析和调整经济耗水与生态耗水比例。

步骤5：控制流域单元蓄水变量在一定的均衡误差内。

3.3.3 模型输入、输出及求解

模型输入主要分为八大类，分别是基本元素、网络连线、河渠系参数、计算单元信息、水利工程信息、湖泊湿地信息、流域单元信息及其他信息。基本元素包括行政分区、水资源分区、计算单元、河流、水功能区、水库、节点及湖泊湿地；网络连线包括地表水供水渠道、调水渠道、提水渠道、河段、排水渠道；河渠系参数包括地表水渠道参数、地表水渠道过流能力、外调水渠道参数、外调水渠道过流能力、提水渠道参数、提水渠道过流能力、河段参数、河段生态基流、城镇排水及农村排水；计算单元信息包括需水方案设置、降水过程、需水过程、水面蒸发过程、本地径流量、灌溉水利用参数、污水处理参数、河网槽蓄能力、地下水供水参数、浅层地下水开采能力、承压水开采能力及地下水补给排泄参数；水利工程信息包括水库基本信息、水库入流、水库蒸发系数、水库渗漏系数、水库优化调度规则、水库常规调度规则、节点入流、节点分水比例、水电站相关信息；湖泊湿地信息包括湖泊湿地参数及湖泊湿地时段蒸发过程；流域单元信息包括当

地产水量、径流性水资源消耗及流域单元间连线；其他信息包括水质相关参数及节点计算次序。

输出部分主要有：基于各计算单元、各行政分区、各流域分区的多年平均及长系列逐时段的水资源供需平衡结果；各水库、节点、断面的长系列逐时段的计算结果；各河流、渠道的长系列逐时段过水过程；各计算单元、各行政分区及各流域分区长系列逐时段的地下水平衡结果；各行政分区、流域分区长系列耗水量的平衡结果。

水资源多维协同配置模型采用通用代数建模系统（General Algebraic Modeling System，GAMS）建模并利用GAMS自带的求解器进行求解。GAMS是一种面向应用的构造模型的高级计算机语言，它巧妙地融合了关系数据库技术与数学规划理论，使得原本相互关联的数学模型与数据彼此独立，从而为用户在模型、算法和数据之间提供了一个便捷的接口。GAMS具有以下优点：

(1) 模型独立于算法，使得模型化以及调试、求解过程中进行必要的细节修改时更加简便易行。

(2) 输入文件形式与模型描述的自然语言相一致，便于理解和掌握；运算结果的输出文件格式规范，可读性好。

(3) 易于操作，不仅封存于内部的各种算法均可直接使用，无须改变用户的模型描述，而且对于新算法或某一算法的新的实现方式亦可直接使用。

(4) 可以求解各种类型的实际问题，如线性规划（LP）、非线性规划（NLP）、有不连续导数的非线性规划（DNLP）、混合整数线性规划（MILP）、混合整数非线性规划（MINLP）等。

3.4 有序度评价模块

根据协同学理论，有序度作为序参量的状态函数，可以表征系统有序或混乱的度量。因此，可以引入有序度来衡量各子系统之间的协同作用，判断系统的演化方向。对于水资源配置系统，包含水资源、经济社会和生态环境三类子系统以及多类序参量，衡量各类序参量对系统有序度的贡献，可以通过序参量对各子系统有序度贡献的集成实现，即复合系统的总体性能不仅取决于各序参量值的大小，而且还取决于子系统的组合形式。因此，基于协同论原理，本书构建了水资源多维协同配置方案评价模型，为决策者优选水资源配置方案提供决策依据。

3.4.1 序参量评价指标体系的确定

水资源-经济社会-生态环境复合系统能否有序取决于系统中的序参量是否协同，也就是说取决于水资源系统、经济社会系统、生态环境系统的序参量是否能发生协同作用以及如何协同，协同作用程度高则有序化程度高，产生的效果最终达到系统协调状态，并向有序方向演化；协同作用程度低，所产生的负作用力会破坏水资源系统、经济社会系统、生态环境系统间的协调，导致内部损耗，并促使系统向不协调状态演化。因此，本书对水资源系统、经济社会系统、生态坏境系统各设置了一正一负的序参量指标（表3.1）。

表3.1 配置方案各系统的序参量设置

系统名称	序参量
经济社会系统	供水保证率
	供水综合基尼系数
水资源系统	供水量
	水资源开发利用率
生态环境系统	废污水排放量
	生态环境供水保证率

3.4.1.1 水资源系统

水资源系统的经济效益主要取决于国民经济各部门的供水效益，而供水效益是供水量的正函数，可选流域供水量作为水资源系统的正向指标序参量；国际上公认的水资源合理开发利用率的警戒线是不超过40%，水资源开发利用率反映的是流域水资源开发利用情况，从侧面反映了人均用水量状况，是水资源系统有序演化的决定性因素，可选择水资源开发利用率作为逆向指标反映水资源系统序参量。因此，本书水资源系统选择供水量和水资源开发利用率一正一负指标作为序参量。

3.4.1.2 经济社会系统

经济社会系统的发展主要体现在社会公共福利的提高和社会的稳

定。选取供水保证率、供水综合基尼系数分别作为反映经济社会效益的序参量，供水保证率是要求越高越好，而供水综合基尼系数是要求越低越好。因此，也是选取了一正一负指标作为经济社会系统序参量。

基尼系数是一个比例值，其取值范围为0～1，本书采用人口、GDP和水资源量分别与用水量求得的各分项基尼系数，再计算供水综合基尼系数，来反映水资源分配与社会人口、经济发展及水资源禀赋条件的匹配程度。其计算方法如下：

$$Gini_j = 1 - \sum_{i=1}^{n}(X_i - X_{i-1})(Y_i + Y_{i-1}) \tag{3.51}$$

$$Gini = \lambda_1 Gini_1 + \lambda_2 Gini_2 + \lambda_3 Gini_3 \tag{3.52}$$

式中：$Gini_j$ 为各分项的基尼系数（其中 $j=1, 2, 3$）；X_i 为第 i 个行政区的人口、GDP和水资源量的累计百分比；Y_i 为第 i 个行政区的用水量累计百分比，$(X_0, Y_0)=(0,0)$；λ_1、λ_2、λ_3 分别为各分项基尼系数对用水量分配公平性影响的权重系数，且 $\lambda_1+\lambda_2+\lambda_3=1$，根据协同论子系统同等重要律，体现三个分项条件同等重要的原则，取 $\lambda_1=\lambda_2=\lambda_3=1/3$。

3.4.1.3 生态环境系统

生态环境系统是其他系统赖以存在的空间基础，有序程度主要体现为由水污染引起的水环境和生态环境的变化，及人类采取相应的措施和手段治理、保护生态环境。因此，可选用废污水排放量、河道关键控制断面生态环境供水保证率作为生态环境系统序参量。

3.4.2 有序度的计算

系统的演化方向，有可能走向新的有序，也可能走向无序，把协同学理论引入水资源配置，是希望通过把握少数变量（序参量）判别系统的演化方向，因此，有必要引入有序度来衡量在某种方案下序参量的协同作用。

3.4.2.1 子系统有序度

系统序参量组 $S_j(j=1, 2, 3)$，分别为水资源系统、经济社会系统和生态环境系统，其序参量变量为 $e_j=(e_{j1}, e_{j2}, \cdots, e_{jn})$，其中 $n\geqslant 1$，序参量分量 e_{ji} 的有序度为 $O_j(e_{ji})$。子系统的有序度体现了子系统中各序参量相互作用的有序程度。子系统中的序参量分为正序参量和逆序参量。其中，正序参量是指序参量的值越大，系统有序度越高，如供水保证率、供水量和生态环境供水保证率，则第 j 个子系统的第 i 个序参量 e_{ji} 的有序度 $O_j(e_{ji})$ 采用式（3.53）计算；逆序参量是指序参量的值越小，系统有序度越高，如供水综合基尼系数、水资源开发利用率和废污水排放量，则第 j 个子系统的第 i 个序参量 e_{ji} 的有序度 $O_j(e_{ji})$ 采用式（3.54）计算：

$$O_j(e_{ji})=\frac{e_{ji}-\beta_{ji}}{\alpha_{ji}-\beta_{ji}} \tag{3.53}$$

$$O_j(e_{ji})=\frac{\alpha_{ji}-e_{ji}}{\alpha_{ji}-\beta_{ji}} \tag{3.54}$$

式中：$\beta_{ji}\leqslant e_{ji}\leqslant\alpha_{ji}$，$\alpha_{ji}$ 和 β_{ji} 分别为第 j 个子系统第 i 个序参量的临界阈值。

由式（3.53）、式（3.54）可知，各序参量的取值为 0～1，且 $O_j(e_{ji})$ 的取值越大，其对第 j 个子系统有序度的贡献越大。第 j 个子系统的有序度 $O_j(e_j)$ 采用下式计算：

$$\begin{cases} O_j=\sum_{i=1}^{n}\lambda_i O_j(e_{ji}) \\ \lambda_i>0 \\ \sum_{i=1}^{n}\lambda_i=1 \end{cases} \tag{3.55}$$

式中：λ_i 为第 j 个子系统的第 i 个序参量有序度对子系统有序度影响的权重系数。本次研究认为，对于每个子系统而言，所选取的两个序参量同等重要，因此，本书中的 λ_i 均取相同值，即对于每个子系统选取的两个序参量，其 $\lambda_1=\lambda_2=1/2$。

3.4.2.2 水资源复合系统有序度

西北内陆区水资源的有限性和稀缺性必然导致水资源配置系统内社会、经济和生态环境子系统之间的相互竞争，各类子系统有序度不能同时达到最优，即某一子系统有序度的提高，可能导致其他子系统有序度的降低。由于复合系统总体有序度不仅取决于各子系统有序度值的大小，而且还取决于子系统有序度的组合形式。为此，根据 Shannon 信息熵原理，按照式（3.56）计算水资源复合系统有序度。

$$O(S)=-\sum_{j=1}^{3}\frac{1-O_j}{3}\log\frac{1-O_j}{3} \tag{3.56}$$

水资源复合系统作为一个开发的经济社会、自然资源、生态环境相互耦合的开放系统，具有开放性、远离平衡态、内部存在非线性相互作用和涨落现象等耗散结构特征，可以利用耗散结构识别系统的演化规律，即通过利用系统熵值 $O(S)$ 可以描述水资源复合系统演化方向：复合系统熵值大，其有序程度低；反之，复合系统有序程度高，则其熵值越小。对于水资源配置系统，可通过最小化复合系统熵值，协同控制各子系统序参量，促进水资源复合系统向有序状态演化。

3.5 多重循环迭代算法

在水资源配置模块牵引下，通过目标函数引导及约束条件所限定的可行域内，根据序参量主宰系统演化方向的原则，逐次迭代寻优计算，协同各序参量时空分布，实现不同时空尺度、不同水源、不同行业等多维度水资源系统-经济社会系统-生态环境系统的“六大平衡”协同有序演化。具体计算流程如下（图 3.4）：

第一步（S1）：初始参数数据输入，输入水资源系统关键控制参量（地下水初始可开采量 W_j，并置 $j=0$）、经济社会系统关键控制参量，通过水资源系统-经济社会系统-生态环境系统逐次协调迭代运算，确定第 j 次水资源配置结果。

第二步（S2）：以流域分区为单元的水资源系统迭代计算，寻求流域层面耗水总量和地下水采补是否平衡？S21：判断是否满足流域层面耗水平衡要求［根据流域出境水量判断流域间（上、中、下游）水量分配方案是否合理，是否满足维持下游经济社会和生态环境用水要求］？若不满足则采取调整措施（如增大外调水、非常规水源供水量等）后，转向 S1 重新输入复合系统关键控制参量，并置 $j=j+1$；若满足则转入 S22：判断流域地下水是否满足采补平衡要求？将各水源供水、各行业用水等相关量输入地下水均衡模型，得出地下水可开采量 W_j（j 为迭代次数，$j=1, 2, \cdots, n$），判断是否满足流域地下水采补平衡要求？若满足则转入 S3；若不满足则采取调整措施（调整灌区渠井灌溉用水比例等）后转入 S1 重新输入复合系统关键控制参量，并置 $j=j+1$，重复前一次迭代过程，直至满足条件。

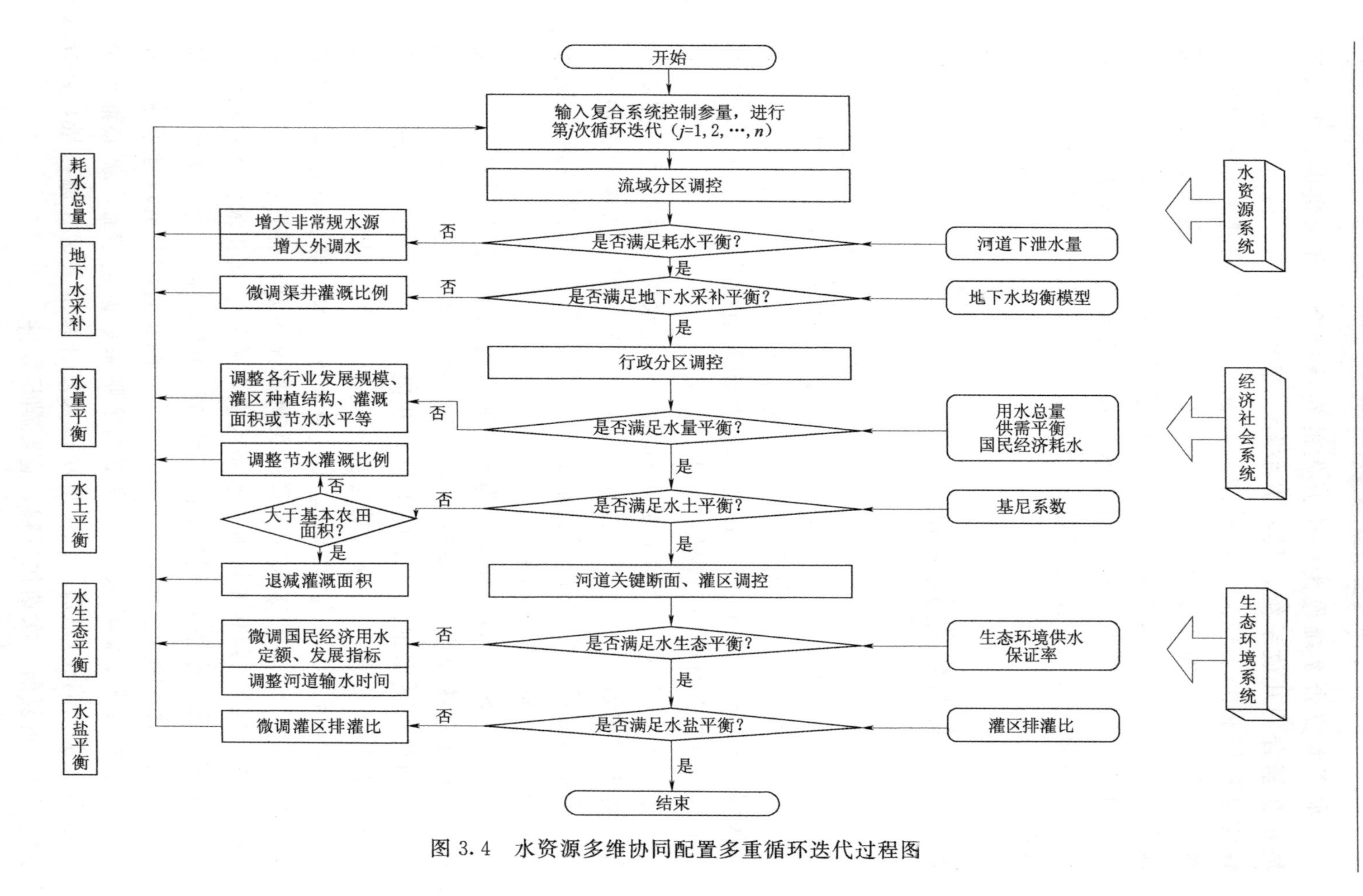

图 3.4　水资源多维协同配置多重循环迭代过程图

第三步（S3）：以行政分区为单元的经济社会系统迭代计算，寻求行政区层面供需和水土是否平衡？S31：判断是否满足行政区层面水量平衡要求（是否满足用水总量、供需、国民经济耗水要求）？若不满足则采取调整措施（调整各行业发展规模、种植结构、灌溉面积或节水水平等或约定允许破坏深度）后，转入S1重新输入复合系统关键控制参量，并置$j=j+1$；若满足则转入S32：判断是否满足水土平衡要求（水土平衡基尼系数是否在阈值范围内）？若满足则转入S4；若不满足则采取调整措施（调整水土资源结构，若灌溉面积大于基本农田面积，则适当退减灌溉面积，否则实施更节水灌溉方式）后，转入S1重新输入复合系统关键控制参量，并置$j=j+1$，重复前一次迭代过程，直至满足条件。

第四步（S4）：以河道关键控制断面和灌区为单元的生态环境系统迭代计算，寻求河道关键控制断面水生态平衡和灌区的水盐平衡？S41：判断河道关键控制断面是否满足生态环境用水保证率要求？若不满足则采取调整措施（微调国民经济用水定额、发展指标及河道输水时间）后，转入S1重新输入复合系统关键控制参量，并置$j=j+1$；若满足则转入S42：判断是否满足灌区水盐平衡要求？若不满足则采取调整措施（调整灌区排灌比等）后，转入S2重新输入复合系统关键控制参量，并置$j=j+1$；若仍不满足则转入S1再次进行复合系统关键控制参量逐次协调，并置$j=j+1$，重复前一次迭代过程，直至满足条件。

第五步（S5）：输出水资源配置结果。

第 4 章　研究区概况及问题诊断

4.1　研究区概况

4.1.1　自然概况

塔里木河是中国的第一大内陆河，世界第五大内陆河，发源于天山、昆仑山、帕米尔高原、阿尔金山和昆仑山等山脉，地处 E73°39′～93°45′，N34°20′～43°39′，位于世界上最大的内陆盆地塔里木盆地内，流域总面积为 102.70 万 km^2，地势南高北低、西高东低，东西长 1100km，南北宽 600km，国内面积为 100.26 万 km^2，国外面积为 2.44 万 km^2。该流域四面环山，北邻天山，南邻昆仑山和阿尔金山，西邻帕米尔高原，形成一个封闭的自然环境。

塔里木河流域属于暖温带大陆性气候，流域蒸发强烈，山区蒸发量达 800～1200mm，平原盆地达 1600～2200mm。年平均降水量为 116.8mm，降水量稀少且地区分布差异大，总体呈现由北向南，自西向东减少的趋势，其中源流山区为 200～500mm，盆地边缘为 50～80mm，东南缘为 20～30mm，盆地中心约 10mm；降水主要集中在 6—10 月，约占全年降水量的 70%～80%。流域河川径流量为 408.1 亿 m^3，其中国内地表水资源量为 345.4 亿 m^3，地表入境水量为 62.6 亿 m^3。塔里木河流域白天气温较高，夜间气温很低，日照时间长。气温年较差变化特征如下：年平均气温为 2.7～10℃，夏季平均气温为 17～32℃，冬季 1 月平均气温为－24～－12℃。气温日较差波动较大，年最大波动值在 28℃以上。年平均温度在 10℃以上。塔里木河流域光热充足，属于干旱暖温带。年日照时数高于 2400h，平均年太阳总辐射量也相对较高。

4.1.2 河流水系

塔里木河流域由发源于塔里木盆地周边天山山脉、帕米尔高原、喀喇昆仑山、昆仑山、阿尔金山等山脉的阿克苏河、喀什噶尔河、叶尔羌河、和田河、开都—孔雀河、迪那河、渭干—库车河、克里雅河和车尔臣河等九大水系的144条河流组成，其中阿克苏河、叶尔羌河、喀什噶尔河为国际跨界河流。这些河流均向盆地内部流动，构成向心水系，河流的归宿点是内陆盆地和山间封闭盆地，塔里木河流域是我国最大内陆河流域，塔里木河也是我国最长的内陆河。

塔里木河流域各河流均有统一的特征，即以河流出山口为界，出山口以上为径流形成区，自上而下径流量递增；河流出山以后，沿程渗漏、蒸发，用于灌溉、流入湖泊或盆地，径流量沿程递减，最后消失于湖泊、灌区或沙漠中。塔里木河干流自身不产流，目前与塔里木河干流有地表水联系的只有叶尔羌河、和田河和阿克苏河三条源流，其中，全年有水注入塔里木河干流的水系只有阿克苏河，而和田河仅在汛期有水注入，叶尔羌河近20年来只在丰水年的汛期有水注入塔里木河。目前，孔雀河通过人工输水方式从博斯腾湖抽水通过库塔干渠向塔里木河下游输水。

1. 塔里木河干流

塔里木河干流是典型的干旱区内陆河流，自身不产流，干流的水量主要由阿克苏河、叶尔羌河、和田河三源流补给。干流肖夹克至台特玛湖全长1321km，流域面积为1.76万km^2。干流水量最终流向台特玛湖，形成了一条绿色走廊，阻隔了塔克拉玛干沙漠和库木塔格沙漠合拢。

2. 和田河水系

和田河主要由两大支流玉龙喀什河与喀拉喀什河组成，两大支流分别发源于昆仑山和喀喇昆仑山北坡，在阔什拉什汇合后，由南向北穿越塔克拉玛干大沙漠319km后，汇入塔里木河干流。流域内还分布有皮山河、桑株河等多条小河流，流域总面积为6.24万km^2。

3. 叶尔羌河水系

叶尔羌河是塔里木河的主要源流之一，发源于昆仑山北麓南大坂。叶尔羌河由主流克勒青河和支流塔什库尔干河汇合而成，还有提孜那甫河、柯克亚河和乌鲁克河3条支流。叶尔羌河全长1165km，流域面积为7.98万km^2。在出平原灌区后，流经200km的沙漠段后汇入塔里木河干流。

4. 阿克苏河水系

阿克苏河是目前汇入塔里木河干流最多的一条源流，由库玛拉克河和托什干河两大支流汇合而成。两大支流分别发源于吉尔吉斯斯坦的阔科沙岭和哈拉铁热克山脉，入境后在阿克苏市的西大桥上游汇合，流至肖夹克后汇入塔里木河干流。阿克苏河周边自西向东还分布有柯克亚河、台兰河、依干其艾肯河、乌鲁克亚艾肯河、喀拉玉尔滚河等数条小河流。流域面积为6.31万km^2。

5. 开都—孔雀河水系

开都河发源于天山南麓中部依连哈比尔尕山，全长560km，流经焉耆盆地后注入博斯腾湖，从博斯腾湖流出后称为孔雀河。开都—孔雀河周边还分布有清水沟、黄水沟及16条其他小河。流域面积为4.96万km^2。博斯腾湖是我国最大的内陆淡水湖，湖面面积为1228km^2。1982年修建了博斯腾湖西泵站及输水干渠，2007年修建了博斯腾湖东泵站及输水干渠工程，将湖水扬入孔雀河。

6. 喀什噶尔河水系

喀什噶尔河水系包括克孜河、盖孜河、库山河、依格孜牙河、恰克马克河和布谷孜河6条河流及其他50余条小河流，喀什噶尔河自西向东流，全长445.5km，我国境内长为371.8km。流域总面积为7.35万km^2。

7. 渭干—库车河水系

渭干—库车河流域总面积为4.15万km^2。渭干河水系位于天山中段南麓却勒塔格山北缘之间盆地，流域呈扇形，干流木扎提河沿途接纳了发源于哈尔克他乌山脉的卡普斯浪河、台勒维丘克河和卡拉苏河3条支流的来水，在木扎提河控制站——托克逊水文站下游30km处流入克孜尔水库；另一支流黑孜河与卡拉苏河相邻，也发源于哈尔克他乌山脉，直接汇入克孜尔水库，渭干河干流长284km，其中，木扎提河长252km，克孜尔水库以下渭干河长32km。库车河水系西与渭干河接壤，东与迪那河毗邻，南与塔里木盆地北缘相连，北以天山为界，上源西支乌什开伯西河是其主源，发源于科克铁克山的莫斯塔冰川，流向西南，东边其他支流有布拉格提力克河、阿恰沟、科克那克河等。此外，渭干—库车河流域内还有其他小河 4 条。

8. 迪那河水系

迪那河地处天山南脉的哈尔克山南麓东侧及霍拉山南麓西侧区域，发源于南天山支脉的科克铁克山南坡，流向塔里木盆地，水源补给以降水为主，融雪次之。流域内的降水经过 8 条大小支流汇集，流域总面积为 1.25 万 km^2。

9. 车尔臣河水系

车尔臣河水系包括车尔臣河、塔什萨依河等 14 条小河，流域总面积为 13.76 万 km^2。车尔臣河发源于昆仑山北坡的木孜塔格峰，是流向塔里木盆地的内陆河，河道全长 813km。

10. 克里雅河水系

克里雅河水系东临吐米牙河，西与奴尔河相望，南依昆仑山，北临塔克拉玛干沙漠。其发源于昆仑山山脉乌斯腾塔格山西侧的克里雅山口一带，由阿塔木苏河、阿克苏河、阿克塔萨依河、库拉甫河和喀什塔什河等 12 条支流汇合而成，自南向北流动，在出山口普鲁村往下滋润于田县绿洲后，继续蜿蜒向北，深入塔克拉玛干沙漠腹地，最后消失在达里雅布依附近。克里雅河流域除克里雅河外，还有诸小河 22 条。流域总面积为 4.47 万 km^2。

11. 主要湖泊

博斯腾湖面积为 1228km^2，是我国最大的内陆淡水湖之一，它既是开都河的归宿，又是孔雀河的源头。博斯腾湖距博湖县城 14km，湖面海拔为 1048m，东西长 55km，南北宽 25km，略呈三角形。湖水最深 16m，最浅 0.8～2m，平均深度约 10m。

4.1.3 经济社会

塔里木河流域地域广阔，行政区域包括地方行政区和兵团行政区。地方行政区包括阿克苏地区、和田地区、巴音郭楞蒙古自治州（简称巴州）、克孜勒苏柯尔克孜自治州（简称克州）和喀什地区。兵团行政区包括新疆生产建设兵团的农一师、农三师、农二师和农十四师。2015 年，塔里木河流域总人口为 1134 万人，其中城镇人口为 330 万人，农村人口为 804 万人，城镇化率 29%；国民生产总值为 3768 亿元，工业增加值为 1146 亿元；灌溉总面积为 4169 万亩，高效节水面积为 1337 万亩，高效节灌率为 25%。具体经济社会发展指标统计见表 4.1。

表 4.1　　2015 年塔里木河流域主要经济社会发展指标统计

分区	总人口/万人	城镇化率/%	国民生产总值/亿元	工业增加值/亿元	灌溉总面积/万亩	农田灌溉面积/万亩	灌溉林草面积/万亩	高效节水面积/万亩
阿克苏地区	253	33	1039	256	1266	963	303	395
克州地区	60	21	810	30	110	65	45	24
喀什地区	450	24	100	241	1767	1398	369	242
和田地区	232	27	780	35	400	247	152	203
巴州地区	139	46	1039	585	626	451	176	473
五地州合计	1134	29	3768	1146	4169	3124	1045	1337
全疆总计	2360	47	9325	3596	9189	7204	1985	3628

4.1.4　研究范围

基于以上分析选取与塔里木河干流有水力联系的四个源流区及干流区作为研究区（以下，塔里木河流域指“四源一干”区域）。按照国家、新疆维吾尔自治区和塔里木河流域水资源区划的有关成果，将塔里木河流域划分为 5 个水资源三级区。具体分区结果见表 4.2。

表 4.2　　塔里木河流域水资源分区结果

一级区	二级区	三级区	地级行政区	县级行政区	总面积/km^2	平原区面积/km^2	山丘区面积/km^2
塔里木河流域	塔里木河源流	阿克苏河流域	克州地区	阿合奇县	8820	0	8820
				阿图什市	556	0	556
			阿克苏地区	乌什县	9064	7470	1594
				温宿县	10090	6910	3180
				阿克苏市	6764	6764	0
				阿瓦提县	3170	3170	0
				柯坪县	4336	4336	0

续表

一级区	二级区	三级区	地级行政区	县级行政区	总面积/km^2	平原区面积/km^2	山丘区面积/km^2
塔里木河流域	塔里木河源流	叶尔羌河流域	和田地区	皮山县	4495	0	4495
			克州地区	阿克陶县	4569	0	4569
			阿克苏地区	阿瓦提县	1737	1737	0
			喀什地区	叶城县	23849	6348	17501
				塔什库尔干县	20549	0	20549
				莎车县	7446	6065	1381
				泽普县	719	719	0
				巴楚县	10728	10728	0
				乐普湖区	128	128	0
				麦盖提县	2730	2730	0
		和田河流域	和田地区	和田县	25617	1961	23656
				策勒县	4828	0	4828
				洛浦县	445	0	445
				皮山县	17871	8243	9628
				墨玉县	4650	3832	818
				和田市	155	155	0
				洛浦县	5363	5363	0
			阿克苏地区	阿瓦提县	3461	3461	0
		开都—孔雀河流域	巴州地区	和静县	22845	2961	19884
				焉耆县	2435	2435	0
				博湖县	3609	3609	0
				和硕县	5086	1595	3491
				尉犁县	7333	7333	0
				库尔勒市	1467	1467	0
				轮台县	6809	4825	1984
	塔里木河干流	塔里木河干流	阿克苏地区	阿克苏市	1389	1389	0
				沙雅县	2851	2851	0

续表

一级区	二级区	三级区	地级行政区	县级行政区	总面积/km²	平原区面积/km²	山丘区面积/km²
塔里木河流域	塔里木河干流	塔里木河干流	巴州地区	库车县	1263	1263	0
				轮台县	1900	1900	0
				尉犁县	7178	7178	0
				若羌县	2390	2390	0
				库尔勒市	608	608	0
合　计					249303	121924	127379

4.2　水资源开发利用现状

4.2.1　水利工程现状

4.2.1.1　蓄水工程

截至2015年，塔里木河流域已建水库66座，总库容为43.01亿m³。其中，大型水库12座，总库容为27.88亿m³，约占流域“四源一干”水库总库容的64.8%；中型水库31座，小型水库23座。流域“四源一干”地区已建成山区水库7座，最大的为叶尔羌河流域的下坂地水库，其库容为8.67亿m³；平原水库59座，目前平原水库所占比重相对较大，具体流域分区水库情况见表4.3和表4.4。

表4.3　　塔里木河流域水库工程一览表

流域名称		按库容划分/座				按区域划分/座		总库容/亿m³
		大型水库	中型水库	小型水库	小计	平原水库	山区水库	
四源一干	和田河	1	5	11	17	16	1	4.75
	叶尔羌河	5	14	6	25	24	1	23.14
	阿克苏河	3	2	1	6	6	0	5.53
	开都—孔雀河	1	2	5	8	3	5	2.98
	塔里木河干流区	2	7	1	10	10	0	6.61
	小　计	12	31	23	66	59	7	43.01

表 4.4　　塔里木河流域大型水库工程一览表　　单位：亿 m^3

流域名称		水库名称	总库容	兴利库容	死库容
四源一干	和田河	乌鲁瓦提水库	3.23	2.24	0.99
	叶尔羌河	前进水库	1.27	1.22	0.05
		小海子水库	5.00	4.80	0.20
		永安坝水库	2.00	1.50	0.50
		苏库恰克水库	1.00	0.90	0.10
		下坂地水库	8.67	6.93	0.75
	阿克苏河	上游水库	1.80	1.18	0.62
		胜利水库	1.08	0.78	0.30
		多浪水库	1.20	0.80	0.40
	开都—孔雀河	察汗乌苏水库	1.25	0.83	0.42
	塔里木河干流区	恰拉水库	1.38	1.25	0.13
	合　　计		27.88	22.43	4.46

4.2.1.2 引水工程

截至 2015 年，塔里木河流域已建引水渠首工程 161 座，总设计引水能力 3744m^3/s。其中，大型引水渠首 11 座，占渠首总数的 6.8%，中型引水渠首 25 座，占渠首总数的 15.5%，小型引水渠首 34 座，临时引水口 91 处，且绝大部分为无工程控制的临时引水口。详细情况见表 4.5 和表 4.6。

表 4.5　　塔里木河流域引水工程一览表

流域名称		渠首数量/座	设计引水能力/(m^3/s)	大型引水渠首数量/座	中型引水渠首数量/座	小型引水渠首数量/座	临时引水口/处
四源一干	和田河	7	600	0	7	0	0
	叶尔羌河	25	1461	6	3	0	16
	阿克苏河	25	1055	5	14	6	0
	开都—孔雀河	26	273.4	0	0	26	0
	塔里木河干流区	78	355	0	1	2	75
	合计	161	3744	11	25	34	91

表 4.6　　　　　　塔里木河流域骨干引水工程一览表

流域名称	渠首名称	设计引水能力/(m^3/s)	流域名称	渠首名称	设计引水能力/(m^3/s)
和田河	玉龙喀什河渠首	150	阿克苏河	联合渠渠首	20
	喀拉喀什河渠首	150		艾里西渠首	150
叶尔羌河	喀群引水枢纽	340		塔里木拦河闸	220
	勿甫渠首	100		帕什塔什渠首	30
	民生渠首	180		多浪渠首	55
	艾里克塔木渠首	100		秋格尔渠首	30
	江卡渠首	100	开都—孔雀河	开都河第一分水枢纽	66
	红卫渠首	40		孔雀河第一分水枢纽	72
	黑孜阿瓦提渠首	28		孔雀河第二分水枢纽	16
	汗克尔渠首	100		孔雀河第三分水枢纽	14
	中游渠首	175		解放一渠渠首	20
塔里木河干流区	乌斯满分水枢纽	60	四源一干合计		2248
	恰拉枢纽	32			

4.2.1.3　地下水工程

2007年后，塔里木河流域地下水开采工程迅速发展，截至2015年，流域共有机井15559眼，其中开都—孔雀河流域机井数最多，为5438眼，其次是叶尔羌河流域（4264眼），干流、阿克苏河流域、和田河流域分别有2180眼、1954眼、1723眼，机电井主要用于生活、工业用水和春季缺水农业补充灌溉用水。

4.2.2　现状供用水量

现状年（2015年）塔里木河流域现有供水设施的供水总量为199.56亿m^3。其中：地表水供水量为165.67亿m^3，占总供水量的83%；地下水供水量为28.89亿m^3，占总供水量的17%。从供水角度来看，塔里木河流域现状供水水源主要以常规水源为主。再生水没有得到充分利用，为维护生态效益，未来应增加再生水利用，实现多水源协同供水，三大子系统协同发展。塔里木河流域现状年用水总量为

199.56 亿 m^3。其中：农业用水量为 194.12 亿 m^3，占用水总量的 97%；工业用水量为 2.46 亿 m^3，占用水总量的 1%；生活用水量为 2.98 亿 m^3，占用水总量的 2%。塔里木河流域现状用水结构失调，农业用水比例过大，且局部开都—孔雀河流域部分地区存在地下水超采现象，未来应合理调整供用水结构布局。具体统计结果见表 4.7。

表 4.7　　现状年塔里木河流域供用水量统计结果　　单位：亿 m^3

流域分区	供水量			用水量		
	地表水	地下水	小计	生活	工业	农业
阿克苏河流域	47.22	4.13	51.35	0.62	0.46	50.27
叶尔羌河流域	62.4	10.29	77.69	1.09	0.20	76.41
和田河流域	23.46	1.56	25.02	0.58	0.14	24.30
开都—孔雀河流域	21.44	12.57	34.01	0.62	1.50	31.90
塔里木河干流	11.15	0.34	11.49	0.08	0.16	11.25
合计	165.67	28.89	199.56	2.98	2.46	194.12

4.2.3 现状用水水平及效率分析

2015 年，塔里木河流域人均用水量为 2837m^3，约是全国同期平均水平（447m^3）的 6 倍，比新疆地区同期平均水平（2595m^3）偏大 9%；万元工业增加值用水量为 43m^3，与新疆地区同期平均水平（42m^3）基本一致，是北京市同期平均水平（14m^3）的 3 倍，是天津市同期平均水平（8m^3）的 6 倍；农业综合亩均用水量为 767 m^3，约是全国同期平均水平（402m^3）的 2 倍，比新疆地区同期平均水平（620m^3）偏大 23%；应该说，塔里木河流域各行业尚存在一定的节水潜力。具体统计结果见表 4.8。

表 4.8　　2015 年塔里木河流域用水定额统计结果

流域分区	城镇生活/[L/(人·d)]	农村生活/[L/(人·d)]	人均用水量/m^3	万元工业增加值用水量/m^3	农业综合亩均用水量/m^3
阿克苏河流域	200	105	3377	79	708
叶尔羌河流域	200	105	3261	74	841

续表

流域分区	城镇生活/[L/(人·d)]	农村生活/[L/(人·d)]	人均用水量/m^3	万元工业增加值用水量/m^3	农业综合亩均用水量/m^3
和田河流域	201	105	1477	139	883
开都—孔雀河流域	217	105	2941	33	682
塔里木河干流	205	105	4101	64	699
合　计	205	105	2837	43	767

注　城镇生活包含居民生活、建筑业、第三产业和城镇生态环境用水；农村生活包含农村居民生活、林牧渔和牲畜用水。

现状年塔里木河流域中阿克苏河流域水资源开发利用程度为66%，地表水开发利用程度为63%；叶尔羌河流域水资源开发利用程度为99%，地表水开发利用程度为89%；和田河流域水资源开发利用程度为63%，地表水开发利用程度为61%；开孔河流域水资源开发利用程度为85%，地表水开发利用程度为58%；其中叶尔羌河和阿克苏河还考虑了入境水量，根据国际对水资源开发利用的公认合理值极限40%而言，塔里木河流域四源流普遍高于国际公认合理极限值，尤其是叶尔羌河流域水资源开发利用形势非常紧张。总之，塔里木河流域现状年水资源开发利用形势处于非良好适配状态。

4.3　复合系统演变分析

4.3.1　水资源系统演变分析

4.3.1.1　径流量演变分析

由图4.1～图4.4可知，近50年来塔里木河流域四源流出山口径流量（还原后）呈现显著的上升趋势，从20世纪50—90年代，塔里木河流域地表水径流量呈现缓慢增长趋势，进入90年代，由于气温的升高导致春季冰川和积雪的融化，而源流区的地表水径流量主要是通过冰川融雪和雨雪补给的（冰川融雪补给占总补给量的50%以上），因此，源流区的山区来水量呈明显增加趋势，2001—2013年多年均地表水径流量比1956—2000年系列平均值偏多32.8亿m^3，增幅12.5%，属丰水年段。塔里木河流域按照1956—2013年水文系列计算，多年平均情形下塔里木河流域地表水资源径流量为270.1亿m^3，比1956—2000年系列平均值增加7.4亿m^3。源流区山区来水量呈现较大幅度的增加趋势，而源流区下泄至塔里木河干流的水量却变化不显著，有些反而呈现下降趋势，例如，叶尔羌河流域的艾里克塔木断面从1993年以来几乎无水下泄，造成这种现象的根本原因是源流区耗水量大幅增加导致下泄量的减少。

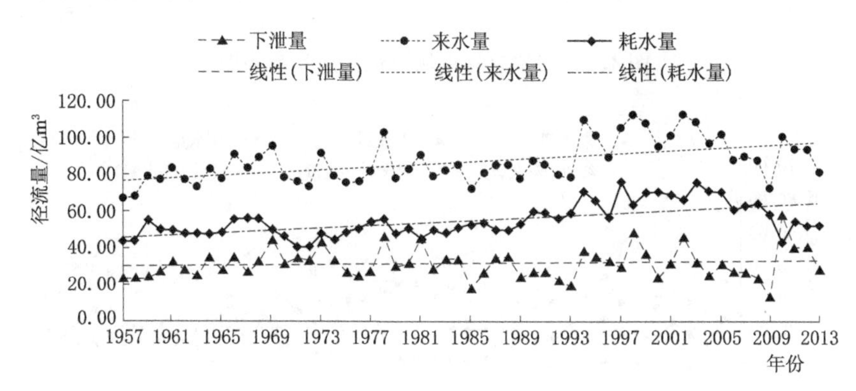

图4.1 阿克苏河流域径流量演变趋势图

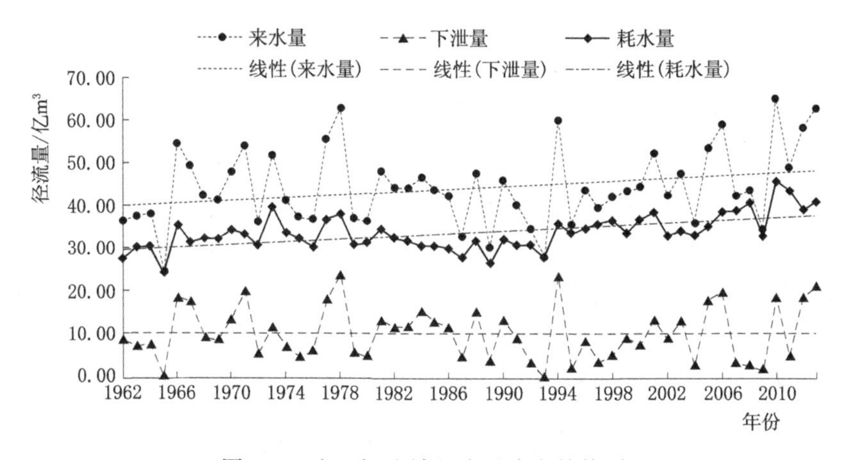

图4.2 和田河流域径流量演变趋势图

基于以上分析可知，源流区地表水径流量在过去50年里呈现一定程度增加趋势，而下泄至塔里木河干流的地表水径流量却呈现逐年的递减趋势。这一结果表明，人类活动改变了流域天然水循环的途径和机制，社会水循环通量的增强是造成干流地表水径流量减少的根本原因。

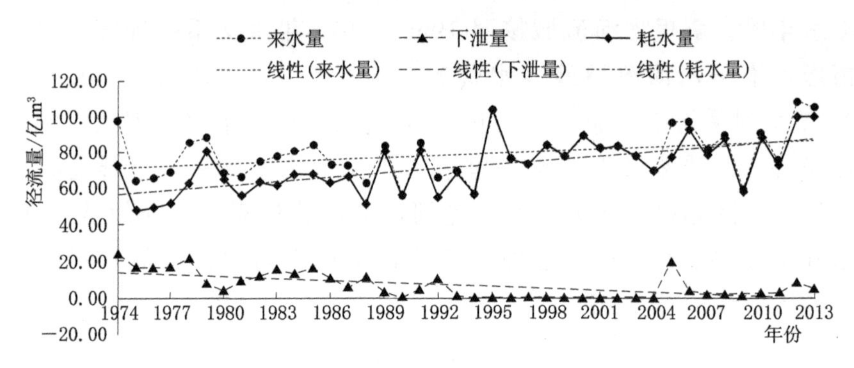

图 4.3　叶尔羌河流域径流量演变趋势图

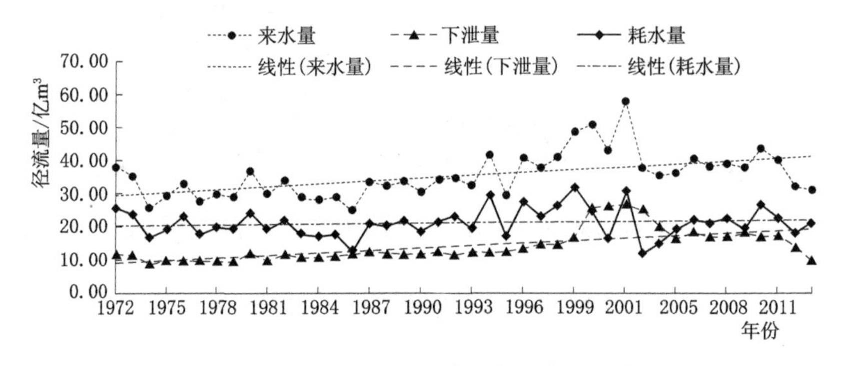

图 4.4　开都—孔雀河流域径流量演变趋势图

依据新疆维吾尔自治区人民政府批准实施的《塔河流域“四源一干”地表水水量分配方案》，按照“丰增枯减”的基本原则，在多年平均来水情况下，阿拉尔断面来水量要求达到 46.79 亿 m^3（阿克苏河为 34.20 亿 m^3，和田河为 9.29 亿 m^3，叶尔羌河为 3.30 亿 m^3），再加上开都—孔雀河注入塔河下游水量 4.50 亿 m^3，则下泄至塔河干流总水量为 51.29 亿 m^3。而在 2001—2013 年丰水年段的情况下，四源流区下泄至干流的水量仍然未达到最低下泄目标（图 4.5～图 4.8），例如下泄水量最大的阿克苏河流域，实际下泄量与目标下泄量仍然存在很大差距，近 14 年来年均下泄塔河干流实际水量比目标下泄水量偏少 11.06 亿 m^3，2013 年实际下泄水量比目标下泄水量少 4.43 亿 m^3。

4.3.1.2　地下水位演变分析

塔里木河流域地下水的补给源主要是地表水源，补给方式有两种：线型渗漏补给和面状渗漏补给。线型渗漏补给主要是通过河道和引水

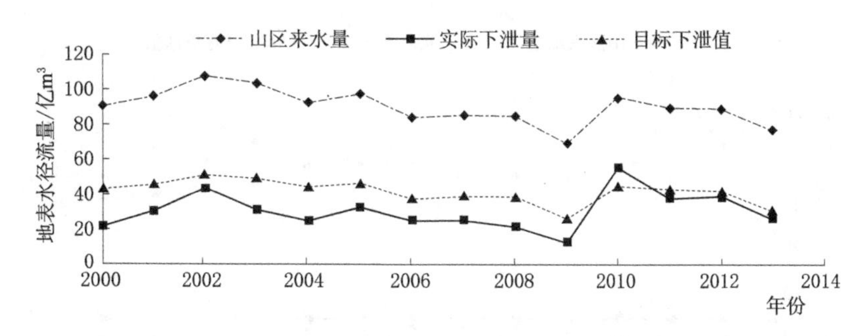

图 4.5 阿克苏河流域实际与目标下泄水量过程线图

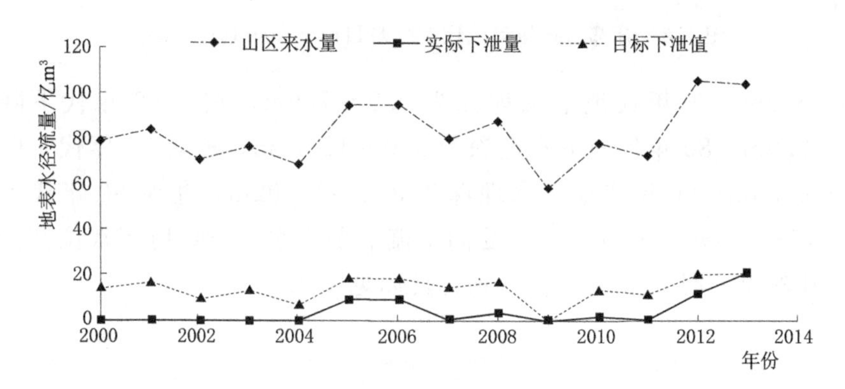

图 4.6 叶尔羌河流域实际与目标下泄水量过程线图

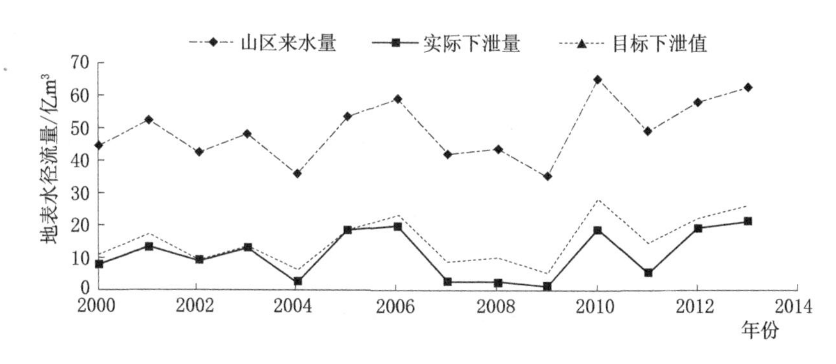

图 4.7 和田河流域实际与目标下泄水量过程线图

渠道形式补给；面状渗漏补给主要通过流域内的湖泊、水库、塘坝和田间灌溉等形式补给。近几十年来，随着河道引水量的增加、渠系田间水利用系数的提高、节水灌溉的推行和种植结构的调整，水稻面积减少，棉花面积增加，流域内地下水补给量呈现减少趋势，以塔里木河干流下游的大西海子以下为例，20 世纪 50—60 年代地下水埋深为

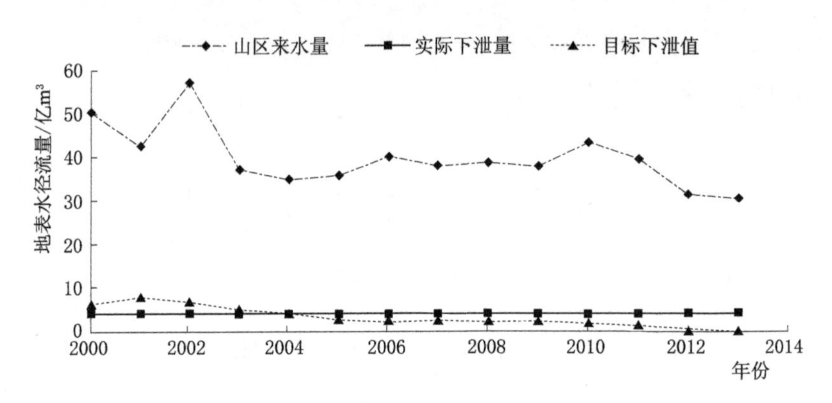

图4.8 开都—孔雀河流域实际与目标下泄水量过程线图

1.0～5.0m；70年代地下水埋深为2.9～7.9m，相对60年代下降了1.9～2.9m；80年代地下水埋深为4.0～12.75m，相对70年代下降了2.1～4.85m；90年代地下水埋深为8.4～12.92m，相对80年代下降了0.17～3.5m；2000年以后受向干流下游输水的影响地下水位开始出现回升现象，回升至5.5～7.4m。具体见图4.9。

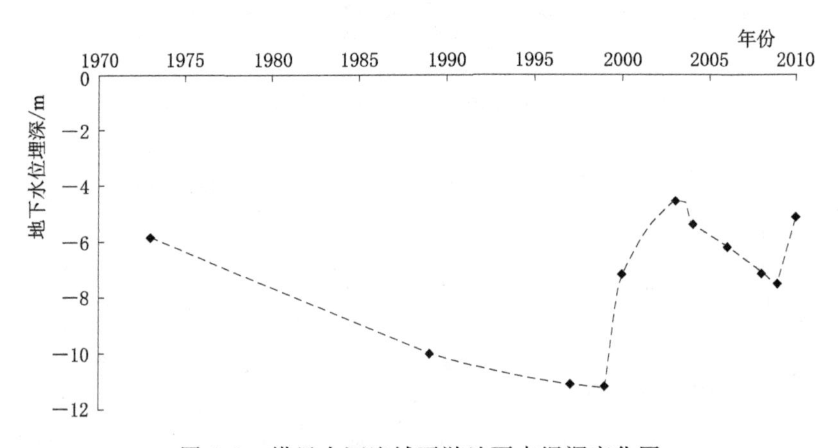

图4.9 塔里木河流域下游地下水埋深变化图

4.3.2 经济社会系统演变分析

根据统计年鉴对塔里木河流域（包括南疆五地州及分布在南疆的新疆生产建设兵团）近30年来经济社会演变历程做简要分析。

4.3.2.1 人口与城镇化演变过程

近30年来，塔里木河流域人口保持快速增长态势，总人口已由

1988年的672万人增长到2014年的1127万人，相比1988年增加了2/3，年均人口净增长率为2.51%，增速位居全国前列。从地州分布看，五地州增速均在2.0%以上，和田、喀什、巴州、克州、阿克苏五地州1988—2014年的人口平均增速分别是2.7%、2.62%、2.65%、2.54%、2.08%。人口的快速增长，既为当地经济社会发展提供了较好的人力资源保障，也使得流域资源与环境压力不断加重。

从城镇化人口增长看，流域城市化进程相对顺利，2014年流域城镇人口为325万人。27年间流域城市化由1988年的18.04%提高到2014年的28.84%，城市化率年均提高约0.4个百分点，尤其是进入到21世纪以来，人口城镇化速度越来越快。

4.3.2.2 经济演变过程

1. 国内生产总值演变

近30年来塔里木河流域经济保持快速增长，流域地区生产总值由1988年的55.5亿元增长到2014年的2844.7亿元，27年中翻了5.6倍，具体见表4.9。

表4.9　1988—2014年塔里木河流域GDP演变过程

年份	阿克苏地区GDP/亿元	巴州地区GDP/亿元	喀什地区GDP/亿元	和田地区GDP/亿元	克州地区GDP/亿元	合计/亿元
1988	13.9	11.1	19.5	8.1	2.9	55.5
1989	16.5	13.5	22.3	9.2	2.7	64.1
1990	21.6	16.8	27.4	10.6	3.1	79.4
1991	26.6	21.0	32.0	12.1	3.4	95.2
1992	29.8	26.2	34.3	12.9	3.8	107.0
1993	34.3	33.8	37.4	14.1	3.9	123.5
1994	54.3	51.1	51.0	22.8	4.4	183.5
1995	72.4	66.3	66.5	25.2	5.2	235.6
1996	72.2	81.5	64.3	25.4	5.6	248.9
1997	84.7	103.8	71.4	28.3	6.0	294.2
1998	90.4	106.2	73.1	30.1	6.5	306.3
1999	82.9	109.0	65.1	24.8	7.6	289.3
2000	93.5	134.9	75.4	27.1	8.0	339.0

续表

年份	阿克苏地区 GDP/亿元	巴州地区 GDP/亿元	喀什地区 GDP/亿元	和田地区 GDP/亿元	克州地区 GDP/亿元	合计 /亿元
2001	103.6	141.4	82.6	30.9	10.1	368.6
2002	117.0	149.8	92.4	33.7	11.0	403.9
2003	136.1	188.7	233.8	106.6	13.2	678.4
2004	153.6	229.5	119.6	43.0	14.3	559.9
2005	170.4	325.7	136.0	48.8	17.5	698.4
2006	193.8	409.8	164.2	55.3	19.7	842.8
2007	231.5	469.0	216.5	63.7	23.7	1004.4
2008	273.1	585.8	249.1	74.5	27.7	1210.1
2009	320.4	525.9	284.2	88.6	32.5	1251.7
2010	396.1	640.1	360.0	103.5	38.9	1538.6
2011	506.1	799.9	420.2	127.0	48.0	1901.2
2012	612.1	907.5	517.3	147.3	61.0	2245.3
2013	692.6	1017.0	617.3	171.6	77.8	2576.4
2014	749.9	1118.8	688.4	198.4	89.2	2844.7

但从空间分布看，流域内经济日益趋向不平衡，各地区生产总值的份额发生了较大的变化，总体表现为巴州地区经济总量份额在流域上越来越重，而喀什地区、和田地区、克州地区等三地州的份额均呈现持续下滑，在流域经济中份额越来越小，见表 4.10。

表 4.10　　1988—2014 年塔里木河流域 GDP 份额变化

年份	阿克苏地区 GDP 份额/%	巴州地区 GDP 份额/%	喀什地区 GDP 份额/%	和田地区 GDP 份额/%	克州地区 GDP 份额/%	合计 /%
1988	25.0	20.0	35.1	14.6	5.2	100
1989	25.7	21.1	34.8	14.4	4.2	100
1990	27.2	21.2	34.5	13.4	3.9	100
1991	27.9	22.1	33.6	12.7	3.6	100
1992	27.9	24.5	32.1	12.1	3.6	100
1993	27.8	27.4	30.3	11.4	3.2	100

续表

年份	阿克苏地区 GDP 份额/%	巴州地区 GDP 份额/%	喀什地区 GDP 份额/%	和田地区 GDP 份额/%	克州地区 GDP 份额/%	合计 /%
1994	29.6	27.8	27.8	12.4	2.4	100
1995	30.7	28.1	28.2	10.7	2.2	100
1996	29.0	32.7	25.8	10.2	2.2	100
1997	28.8	35.3	24.3	9.6	2.0	100
1998	29.5	34.7	23.9	9.8	2.1	100
1999	28.7	37.7	22.5	8.6	2.6	100
2000	27.6	39.8	22.2	8.0	2.4	100
2001	28.1	38.4	22.4	8.4	2.7	100
2002	29.0	37.1	22.9	8.3	2.7	100
2003	20.1	27.8	34.5	15.7	1.9	100
2004	27.4	41.0	21.4	7.7	2.6	100
2005	24.4	46.6	19.5	7.0	2.5	100
2006	23.0	48.6	19.5	6.6	2.3	100
2007	23.0	46.7	21.6	6.3	2.4	100
2008	22.6	48.4	20.6	6.2	2.3	100
2009	25.6	42.0	22.7	7.1	2.6	100
2010	25.7	41.6	23.4	6.7	2.5	100
2011	26.6	42.1	22.1	6.7	2.5	100
2012	27.3	40.4	23.0	6.6	2.7	100
2013	26.9	39.5	24.0	6.7	3.0	100
2014	26.4	39.3	24.2	7.0	3.1	100

2. 工农业经济演变

塔里木河流域近年来工业化进程日益加快，但仍是典型的传统农业经济区。直到 2005 年，流域的工业增加值才超越第一产业增加值，工业才成为流域经济的第一支柱。到 2014 年，流域工业增加值约 966 亿元，第一产业增加值约 683 亿元。在地州之间，在丰富的石油天然资源支撑下，巴州工业在流域工业中增长最快，在 2014 年前其工业增加值一直占流域工业增加值的 60%以上。但到 2014 年，受全球经济下滑与石化等能源产业的疲软，巴州工业增加值相比2013年呈现“腰斩”现象；在“全国援疆”的背景下，流域工业发展速度大大加快，2011—2014年的4年间，流域工业增加值相比2010年几乎翻了一番，见表4.11。总体而言，流域工业发展水平目前仍处于一个原材料型资源工业层次，延长产业链、提升附加值的内涵式工业发展仍有巨大潜力。

表4.11　　1997—2014年塔里木河流域GDP变化

年份	农业增加值/亿元						工业增加值/亿元					
	阿克苏地区	巴州地区	喀什地区	和田地区	克州地区	合计	阿克苏地区	巴州地区	喀什地区	和田地区	克州地区	合计
1997	45.1	21.3	45.9	18.5	2.8	133.7	11.7	39.0	4.6	2.1	0.4	57.8
1998	48.7	22.5	47.1	18.8	3.0	140.1	12.2	37.5	5.5	1.5	0.5	57.2
1999	36.4	20.8	35.1	14.4	3.2	109.9	12.8	41.6	6.0	1.5	0.5	62.5
2000	43.1	23.6	40.9	15.0	3.3	125.9	13.4	63.0	5.6	1.6	0.5	84.2
2001	44.0	25.1	43.3	16.4	3.4	132.3	14.2	62.5	6.5	1.9	0.6	85.7
2002	48.3	26.7	47.1	17.3	3.6	142.9	16.0	62.8	5.7	1.7	0.7	86.8
2003	54.5	36.6	98.0	18.9	4.1	212.0	19.5	82.3	20.8	2.0	0.8	125.4
2004	58.0	40.3	52.9	19.8	4.3	175.3	21.2	107.2	7.8	2.2	0.9	139.4
2005	67.4	49.6	60.0	22.1	5.3	204.4	26.4	181.8	11.1	2.4	1.0	222.7
2006	74.5	56.2	69.2	22.3	5.4	227.4	30.5	249.3	17.5	3.1	1.3	301.7
2007	85.1	68.9	90.9	25.6	6.0	276.4	41.2	281.6	28.7	4.0	2.1	357.6
2008	93.9	72.3	103.6	29.0	6.6	305.3	47.3	373.7	25.5	4.2	3.2	453.8
2009	109.6	84.1	115.3	31.8	7.4	348.2	62.2	288.2	22.4	5.3	2.8	380.9
2010	138.0	108.2	151.8	36.3	7.8	442.1	87.1	361.1	33.0	5.9	4.6	491.8
2011	161.4	130.1	150.7	40.8	9.0	492.0	123.4	466.9	58.9	10.2	6.5	665.8
2012	191.8	155.4	175.2	45.7	10.5	578.7	147.2	517.1	81.3	11.5	10.1	767.1
2013	220.3	176.6	191.3	53.1	12.4	653.7	161.3	566.7	104.9	12.8	16.3	862
2014	220.5	184.7	206.5	58.6	13.1	683.4	292.0	249.8	271.7	104.8	47.5	965.8

4.3.2.3　灌溉面积演变过程

塔里木河流域作为典型的农耕区，以发展农业为主来寻求经济效益，尤其是棉花等经济作物的大面积种植，塔里木河流域总灌溉面积由1949年的719万亩增加到了2014年的2949万亩（图4.10），其中阿克苏河流域和叶尔羌河流域分别增加了近700万亩。尤其是2000年以后随着国家对新疆地区“一黑一白”政策的实施，源流区河道两岸处几乎所有能开垦的土地都被种植上了棉花，干流的胡杨林自然保护区内也可见星星点点的棉花地。耕地的无序扩张所消耗的水资源量远远超过了节水灌溉所节约的水量，导致水资源过度开发，使生态环境更加脆弱，要保证未来用水总量和用水效率控制红线不突破，就必须通过“退地节水”方式减少农业用水量，以满足和支持工业化与城镇化发展新增用水需求。

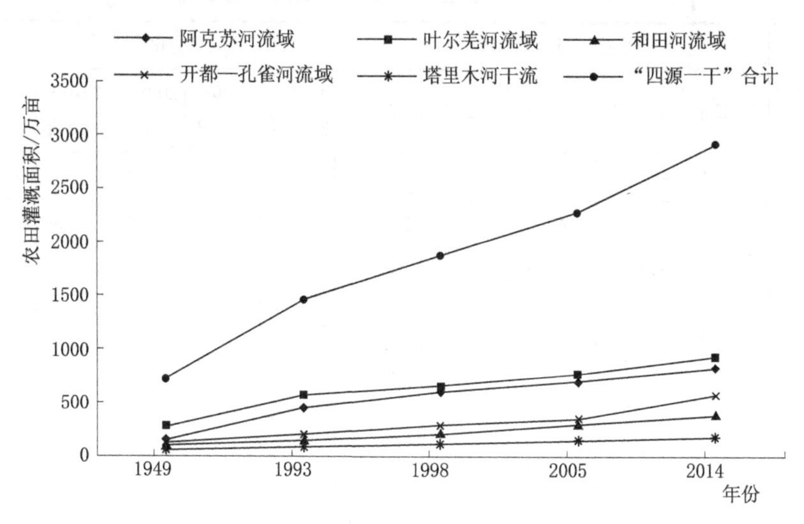

图4.10 塔里木河流域农田灌溉面积演变趋势图

4.3.3 生态环境系统演变分析

4.3.3.1 景观格局演变分析

在人类活动的影响下，塔里木河流域的生态系统演变主要为“两扩大，四缩小”，即流域上游灌溉绿洲面积和下游沙漠面积的扩大，而处于两者之间的过渡带：林地、草地、自然水域和生物栖息地在不断缩小。

为系统剖析塔里木河流域生态系统演变特征，以1995年、2000年、2005年、2010年、2014年五期的TM影像作为信息源，通过校正、投影变换、图像增强等遥感处理，采用人机交互解译的方式进行图像解译，并进行GIS的空间分析，从景观尺度上剖析塔里木河流域生态演化特征。从生态空间角度分析，塔里木河流域生态空间分为绿色生态空间和其他生态空间，其中：绿色生态空间包括耕地、林地（包括林地、灌木林地和疏林地、其他林地）、草地（包括高、中、低覆盖草地）、水域（包括湖库、河流、河渠、滩涂湿地）；其他生态空间包括建设用地（包括城镇用地、农村居民用地、其他建设用地）、冰川、未利用地（包括沙漠、戈壁）。利用塔里木河流域1995年、2000年、2005年、2010年、2014年五期景观数据分析，见表4.12。

表4.12　　1995—2014年塔里木河流域景观类型的变化

景观类型	景观类型面积/km^2					变化率/%				
	1995年	2000年	2005年	2010年	2014年	1995—2000年	2000—2005年	2005—2010年	2010—2014年	1995—2014年
耕地	3682.12	4014.6	4579.48	4736.25	6113.04	9.03	14.07	3.42	29.07	66.02
林地	1634.45	2107.13	2049.58	2013.84	1942.03	28.92	−2.73	−1.74	−3.57	18.82
草地	43230.48	42390.37	42021.24	42002.89	40488.32	−1.94	−0.87	−0.04	−3.61	−6.34
水域	1012.21	1339.38	1354.9	1300.11	1745.09	32.32	1.16	−4.04	34.23	72.40
建设用地	237.25	223.55	241.51	262.93	613.19	−5.77	8.03	8.87	133.21	158.46
冰川	4914.17	4843.22	4843.22	4843.22	2228.7	−1.44	0.00	0.00	−53.98	−54.65
未利用地	46834.03	45965.84	45932.28	45913.82	45271.33	−1.85	−0.07	−0.04	−1.40	−3.34

2014年塔里木河流域景观以未利用土地景观（沙漠、戈壁）和草地景观为主，分别占流域总面积的46.01%和41.15%。相比之下，这两类景观的生命支持能力都非常弱；在绿色景观中，草地景观抵抗外界干扰的能力较弱，这也反映出塔里木河流域脆弱的生态背景特征。从景观的动态转移来看，耕地、林地、水域和建设用地等景观类型呈现扩张趋势，草地、冰川和未利用地景观类型呈现退缩趋势；从扩张景观的动态变化来看，耕地景观的扩张面积最大，净扩张面积为2430.92km^2，增加了66%；其次为水域，净扩张面积为732.88km^2，增加了72%；建设用地和林地的净扩张面积最小，净扩张面积分别为375.94km^2和307.58km^2，分别增加了158%和19%。从退缩景观的动态变化来看，草地的退缩面积最大，净退缩面积达到2742.16km^2，减

少了6%；其次为冰川景观，退缩面积达到2685.47km²，减少了55%；未利用地退缩面积最小，为1562.7km²，减少了3%。

这种趋势正好跟20世纪末新疆开始推行“一黑一白”和2010年全国开始新一轮援疆相关政策时间节点一致，塔里木河流域作为新疆乃至全国的优质棉花种植基地、农牧和特色瓜果生产基地，大规模的开荒高潮使得流域耕地面积急剧增加；大规模的修建人工渠系引水工程使得流域水域面积增加；建设用地呈现较大的增长趋势，主要跟流域的城市化和新农村建设有关，且作为我国最大的油气沉积盆地，石油和天然气产业的发展也会使得流域内建设用地急剧增加；全球气候变暖加速了冰川积雪的消融。

为了描述1995—2014年塔里木河流域各种景观类型的转移情况，通过利用GIS计算出该时段景观类型的转移矩阵。由表4.13可见，塔里木河流域1995—2014年景观类型转移变化最大的是耕地、草地和未利用地。其中，流域内耕地面积转入4319.64km²，转出1888.94km²，从耕地的动态变化来看，耕地的扩张主要是通过对草地和未利用地景观的综合开发；流域内草地面积转入19406.9km²，转出22023.34km²，从草地的动态变化来看，退缩区的绝大部分都是转变成了未利用土地，这也是流域尺度上荒漠化的集中体现；从草地的扩张区来看，其扩张主要是通过荒漠化的综合治理而来，但较之沙漠化对其的侵蚀来看，扩张程度还是非常微弱的；流域内未利用地面积转入21668.18km²，转出20105.48km²，从未利用土地的动态变化来看，其扩张主要是因为草地的退化和冰川的融化。

表4.13　1995—2014年塔里木河流域景观类型变化转移矩阵

景观类型	林地/km²	草地/km²	水域/km²	冰川/km²	建设用地/km²	未利用地/km²	耕地/km²	1995年面积/km²	土地利用变化	
									变化面积/km²	年变化率/%
林地/km²	184.92	657.15	28.16	1.69	6.9	602.71	148.44	1629.97	304.82	0.96
草地/km²	1053.27	20249.53	586.48	292.99	117.41	17827.73	2145.46	42272.87	−2616.44	−0.35
水域/km²	30.96	215.75	191.99	0.68	13.31	386.37	170.51	1009.57	721.54	3.04
冰川/km²	11.16	1932.39	28.21	614.3	0.05	2082.09	0.71	4668.91	−2780.02	−4.90

续表

景观类型	林地/km²	草地/km²	水域/km²	冰川/km²	建设用地/km²	未利用地/km²	耕地/km²	1995年面积/km²	土地利用变化	
									变化面积/km²	年变化率/%
建设用地/km²	7.82	51.44	4.97	0.01	7.51	64.47	100.26	236.48	376.7	5.44
未利用地/km²	516.11	15755.52	778.71	979.18	321.7	25165.85	1754.26	45271.33	1562.7	0.19
耕地/km²	130.55	794.65	112.59	0.04	146.3	704.81	1793.17	3682.11	2430.7	2.86
2014年面积/km²	1934.79	39656.43	1731.11	1888.89	613.18	46834.03	6112.81			

4.3.3.2　景观破碎化演变分析

景观格局指由大大小小斑块组成的景观空间分布，景观斑块的形状、面积、数量和空间组合与景观中的物种分布、水土流失等生态过程密切相关。因此，景观空间格局分析是探讨生态演变过程的基础。在遥感与地理信息系统的支持下，分别从1995年、2005年、2014年的LANDSATTM影像中提取信息，结合景观结构分析软件FRAGSTATS计算塔里木河流域景观指数。结合塔里木河流域实际情况，选取景观破碎化指数中的景观斑块密度指数和景观分割度指数进行分析。

由表4.14可知，塔里木河流域1995—2014年各景观的斑块密度呈现增加趋势，景观破碎化程度增大，1995年景观斑块密度从大到小依次为：草地＞林地＞未利用地＞水域＞耕地；2005年景观斑块密度从大到小依次为：草地＞林地＞水域＞未利用地＞耕地；2014年景观斑块密度从大到小依次为：水域＞草地＞林地＞未利用地＞耕地。从以上分析可以看出，草地、林地和水域破碎化程度高，耕地的斑块密度虽然逐年增大，但由于人类活动的影响主要呈现集中连片分布，所以面积大而斑块数少。1995—2014年塔里木河流域各景观分割度均接近于1，表明各景观内小斑块数多，景观破碎化程度高。

表 4.14　　1995—2014 年塔里木河流域景观格局变化特征

景观类型		草地	耕地	林地	水域	未利用地	合计
斑块数目/块	1995 年	14767	4773	9177	5008	5719	39444
	2005 年	26221	6089	13984	10726	5831	62851
	2014 年	29925	7935	20307	31302	8784	98253
面积/hm^2	1995 年	25919636	2455547	1061748	3464156	157751	33058838
	2005 年	25025782	3053826	1338267	3540729	160568	33119172
	2014 年	23465424	4078940	1279433	2095626	414296	31333719
景观分割度/%	1995 年	0.9488	0.9951	0.9979	0.9932	0.9997	
	2005 年	0.9505	0.9940	0.9974	0.9930	0.9997	
	2014 年	0.9535	0.9919	0.9975	0.9958	0.9992	
斑块密度/$100hm^2$	1995 年	0.0146	0.0047	0.0091	0.0049	0.0057	
	2005 年	0.0259	0.006	0.0138	0.0106	0.0058	
	2014 年	0.0296	0.0079	0.0201	0.031	0.0087	

4.4 问题诊断

通过水资源-经济社会-生态环境复合系统演变分析显示：气候变化驱动西北内陆区水资源系统出山口径流量的增加，而经济社会系统耕地面积大规模无序扩张导致水资源系统消耗的水资源量远远超过经济社会系统节水灌溉所节约的水资源量，迫使生态环境系统所需的水资源量被大量挤占，从而导致生态环境系统失衡和恶性演变。根据上述分析，塔里木河流域水资源利用存在的问题可总结为以下几方面：

（1）水资源系统：自然资源本地脆弱，承载能力极其有限。塔里木河流域总面积约 102 万 km^2，流域中央的塔克拉玛干沙漠面积超过 40 万 km^2，气候干燥少雨，多年平均年降雨量不足 80mm，多年平均自产水资源量约 400 亿 m^3，自然植被稀疏，单位面积矿产资源禀赋低，承载能力极其有限。"九五"攻关科技重大科技项目专题"新疆经济发展与水资源合理配置及承载能力研究"结论认为，到 2020 年南疆（塔里木河流域），可以承载的人口为 1087 万人，可以承载的农田灌溉面积为 3259 万亩，可承载的人工生态面积（包括农田灌溉、饲草饲料、草场灌溉、人工林、渔业）合计4203万亩，而现阶段塔里木河流域的人口、农田灌溉面积均已超过可承载能力，流域水资源整体处于过度开发状态，可见其承载力是相当有限的，经济社会的发展和生态环境系统的良性循环受资源承载力影响限制较大。

（2）经济社会系统：人口增长过快，对资源的需求迅速膨胀，同时用水结构失衡，用水效率和效益偏低并存。进入21世纪以来，在全国人口平均自然增长率逐步降低并稳定在5‰以内时，新疆人口仍始终保持10‰以上增长，而塔河流域自然增长率长期保持20‰以上，1999—2012年的13年间流域人口净增245万人，其中维吾尔族人口占总增长量的84.2%，年均自然增长率为24.0‰以上；人口快速增长带来的资源需求是十分明显的，首先是对粮食需求导致的垦地开荒面积需求快速增长，相应地农业用水增长十分迅速，塔里木河流域现状年农业用水占总用水比重的95%以上，而工业和生活用水比重不足5%，灌溉面积规模过大是造成用水结构失衡的重要原因。2015年塔里木河流域四个源流区灌溉面积比2000年增加了992万亩，农业用水量增加60亿m^3左右。塔里木河流域水资源严重匮乏，同时在供水、用水环节中又存在浪费现象。从现状看，由于历史原因流域灌区田间工程投入少，缺少现代化节水设施，田间水利用率低，导致农业用水比例较高，水利用效率较低，与以色列、美国等发达国家相比还有很大差距。在取水、供水、用水、排水和污水回用等各个环节中，节水工作还存在脱钩现象，尚未形成较完备的用水全过程节水的体制和机制。

（3）生态环境系统：长期大规模地开发索取，形成生态恶化和危害人类的恶性循环。不断的垦荒开地和扩大传统灌溉农业规模，使得人工绿洲规模不断扩大，天然绿洲不断萎缩，对自然生态系统的过度开发索取最终导致流域生态环境的快速恶化。研究表明，人工绿洲单位面积耗水深是天然绿洲的3倍，这意味着一个人工绿洲的建立，其代价至少是2个天然绿洲的退化萎缩、逐渐消失、最终沙化。此外，天然放牧式的畜牧业规模也随着灌溉农业的扩大不断膨胀，广大荒漠戈壁、山地草原普遍存在过载过牧现象，草场退化、沙化十分严重。沙漠化给流域群众带来的沙尘危害，为此南疆生活的群众普遍有一个呼吸系统疾病——鼻炎。沙尘对工农业生产的影响，更是显而易见的，如风蚀土壤，破坏植被，掩埋农田，尤其是沙尘天气伴随的大风对农业设施的破坏，降低能见度影响行车和飞机起降，影响精密仪器使用和生产。灌溉农业规模过大，不仅挤占了生态用水、造成生态与环境恶化，恶化的环境也相应影响了招商引资环境和工业企业落地生产，工业难以发展起来，服务业同样无法真正壮大，流域长期难以摆脱农业经济的束缚，只能进一步扩大农业缓解贫困之苦。这是一个相互影响的恶性循环。

第5章　水资源多维协同配置结果

5.1　控制参量预测分析

基于3.2节对控制参量预测模块技术的探讨，结合塔里木河流域水资源复合系统实际情况，开展塔里木河流域控制参量预测分析，为塔里木河流域水资源多维协同配置模型数据库提供合理的控制参量输入。

5.1.1　水资源系统预测分析

鉴于塔里木河流域地表水供水量为主力供水水源且受近十几年气候变化影响显著，因此，本书选取塔里木河流域四源流进行地表水径流趋势分析及预测。

5.1.1.1　地表水径流量趋势分析

取显著性水平为0.05（即置信度为95%），根据源流区地表水径流系列（1956—2013年）及3.2.2节探讨的MK秩次检验法，得到源流区地表水径流趋势情况，如图5.1～图5.4所示。

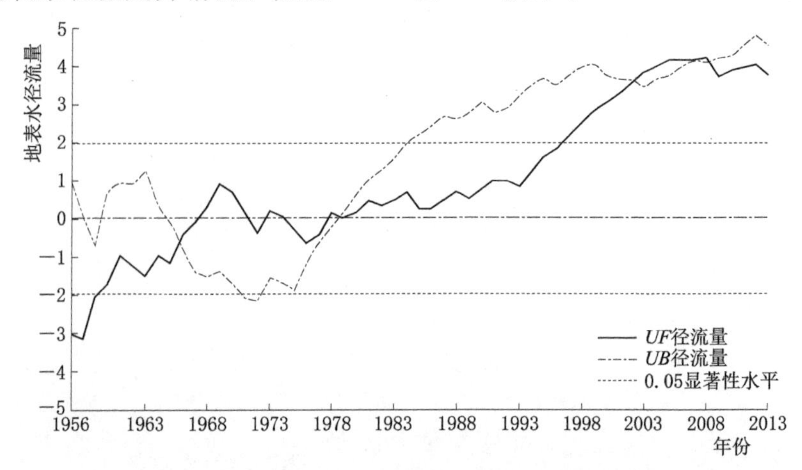

图5.1　阿克苏河流域1956—2013年地表水径流变化趋势

由图 5.1 MK 检验曲线可知，阿克苏河流域在 1956—1978 年时段变化较为剧烈，1956—1959 年时段 $UF_k<0$ 且明显超过临界下限范围，该时期地表水径流量下降趋势较为剧烈；1959—1965 年时段 $UF_k<0$ 且位于临界线之间，说明水库入流基本趋于稳定状态且略有减少；1965 年开始出现突变点，直到 1978 年第二次突变点截止，这期间阿克苏河流域地表水径流量变化较为剧烈；在 1978 年之后，一直到 2013 年 $UF_k>0$，地表水径流量呈现上升趋势，在 1997 年之后 UF_k 超过临界上限范围，呈现显著上升趋势。这与近几年气温的升高导致春季冰川和积雪的融化，进而使地表水径流量显著增加相关。

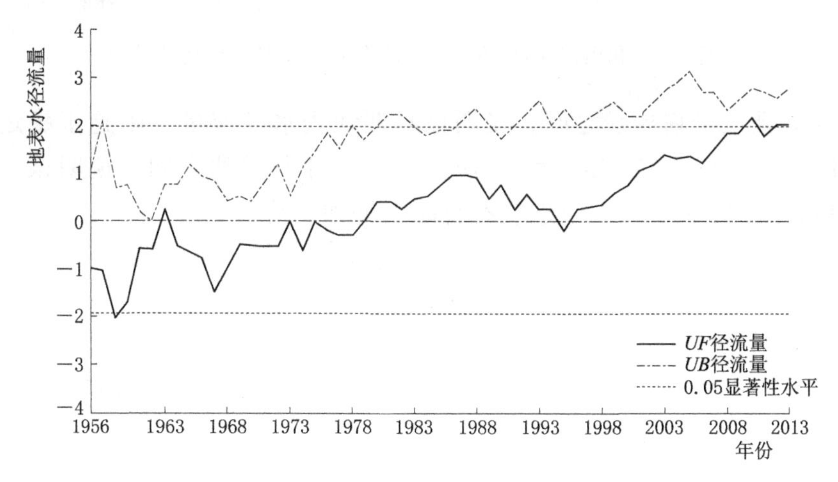

图 5.2 叶尔羌河流域 1956—2013 年地表水径流变化趋势

由图 5.2 MK 检验曲线可知，叶尔羌河流域整体变化较为稳定，无突变点，1956—1979 年时段，$UF_k<0$ 且位于临界线之间，说明该时期地表水径流量基本趋于稳定状态且略有减少；1980—2013 年时段，$UF_k>0$ 且位于临界线之间，说明该时期地表水径流量基本趋于稳定状态且略有增加趋势；在 2010 年 UF_k 稍微突破临界上限，随后至 2013 年一直在上限范围浮动，未来可能有显著上升的趋势。

由图 5.3 MK 检验曲线可知，和田河流域整体变化较为稳定，无突变点，在 1956—1968 年时段变化较为剧烈，其中 1956—1958 年、1964—1965 年时段 $UF_k<0$ 且超过临界下限范围，地表水径流量呈现显著下降趋势，1960—1962 年时段 $UF_k>0$ 且位于临界线之间，说明该时期地表水径流量基本趋于稳定状态且略有增加趋势，其余时段内

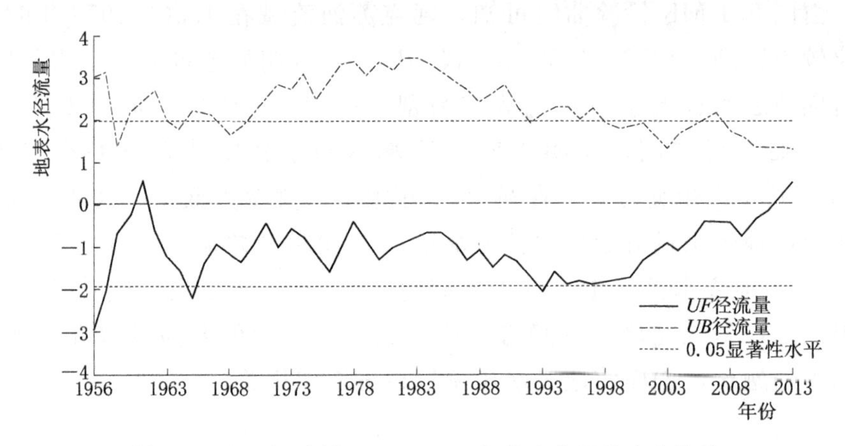

图 5.3　和田河流域 1956—2013 年地表水径流变化趋势

$UF_k<0$ 且位于临界线之间，说明该时期地表水径流量基本趋于稳定状态且略有减少；2012 年之后，$UF_k>0$ 且位于临界线之间，说明该时期地表水径流量基本趋于稳定状态且略有增加趋势。

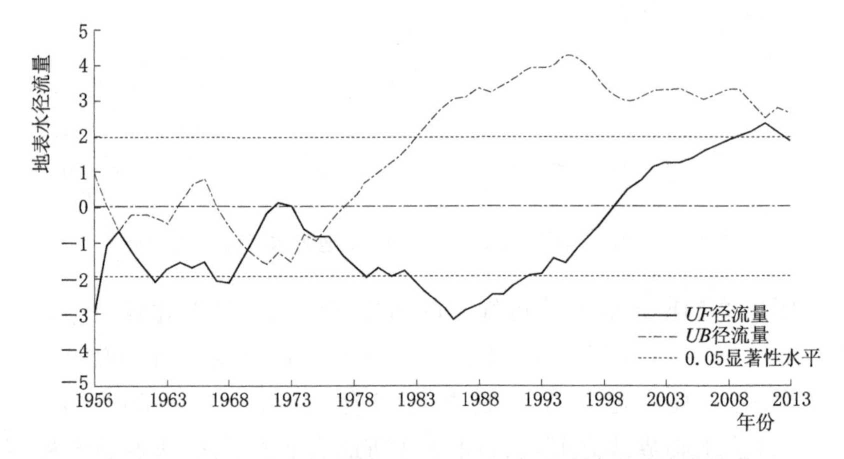

图 5.4　开都—孔雀河流域 1956—2013 年地表水径流变化趋势

由图 5.4 MK 检验曲线可知，开都—孔雀河流域整体变化较为剧烈，存在 1960 年、1969 年、1974 年三个突变点，1956—1998 年时段 $UF_k<0$，地表水径流量整体呈现下降趋势，该时段地表水径流量变化较为剧烈；1956—1957 年、1979—1981 年、1983—1991 年这三个时段 $UF_k<0$ 且超过临界下限范围，地表水径流量呈现显著下降趋势；1972—1973 年时段 $UF_k>0$ 且位于临界线之间，说明该时段地表水径流量基本趋于稳定状态且略有增加趋势；其他时段 $UF_k<0$ 且位于临界线之间，地表水径流量基本趋于稳定状态且略有减少；1999 年之后 $UF_k>0$ 地表水径流量呈现上升趋势，且 2008 年之后 UF_k 超过临界上限范围，地表水径流量呈现显著上升趋势。这与近几年气温的升高导致春季冰川和积雪的融化，进而使地表水径流量显著增加相关。

5.1.1.2 地表水径流量预测

采用 GA－BP 模型对塔里木河流域源流区地表水径流量进行预测，以 1956—2013 年长系列地表水径流资料为基础，采用时间序列预测模式，以前 5 年地表水径流量作为自变量（输入），下一年地表水径流量作为因变量（输出），将长系列径流量资料分成 53 组样本对，其中，前 43 组作为训练样本，后 10 组作为检验样本。在 MATLAB R2014a 运行环境下，经反复训练，下面以阿克苏河流域地表水径流预测为例，通过计算来分析模型的优越性及适用性，如图 5.5 和图 5.6 所示。

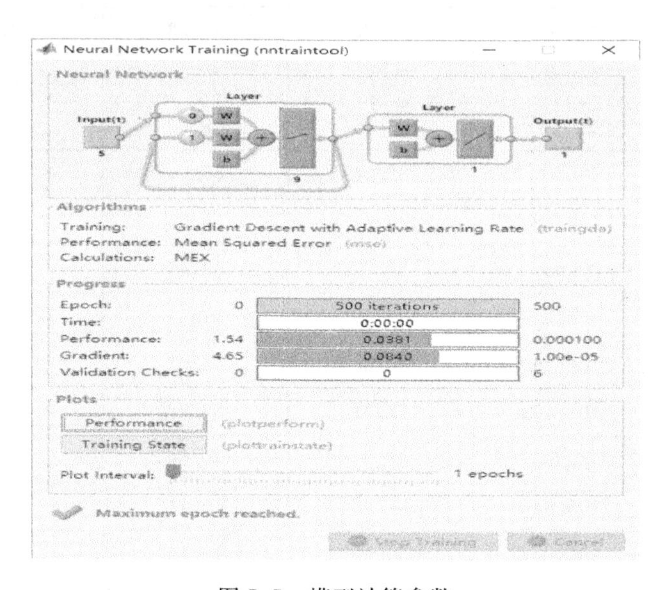

图 5.5 模型计算参数

根据模型训练结果显示其精度为 0.09，在合理范围内，说明该模型进行地表水径流预测具有一定的优越性和较强的适应性。因此，本书采用该模型对塔里木河流域 4 个源流区地表水径流量进行预测，结果见表 5.1。

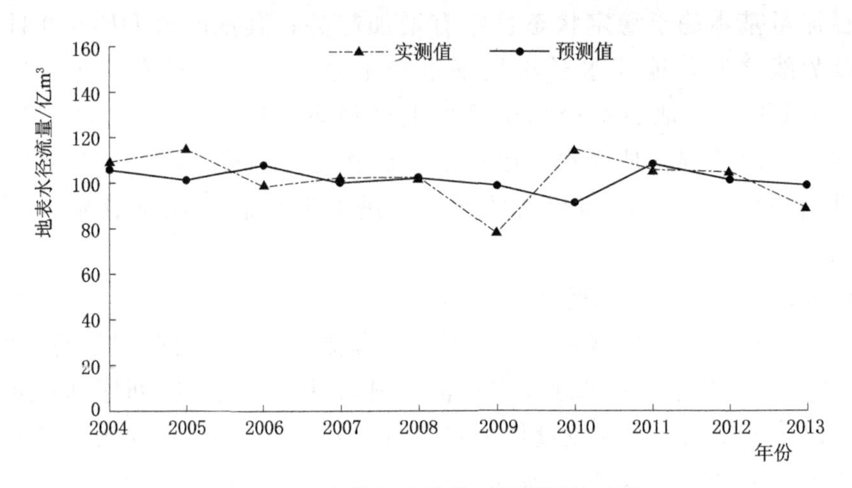

图 5.6　阿克苏河流域模型预测训练结果

表 5.1　　　　**塔里木河流域源流区地表水径流量预测结果**　　　　单位：亿 m³

年份	阿克苏河流域	叶尔羌河流域	和田河流域	开都—孔雀河流域
2014	96.67	93.22	45.53	45.27
2015	105.58	75.89	60.04	37.31
2016	92.55	71.08	55.61	42.46
2017	96.91	82.54	55.96	36.04
2018	100.48	78.24	56.33	35.36
2019	86.62	86.83	53.43	35.28
2020	94.52	87.24	51.41	31.21
2021	102.46	80.28	44.03	42.60
2022	102.40	77.11	58.78	40.78
2023	92.54	64.91	40.69	44.19
2024	103.94	91.00	60.14	38.53
2025	102.82	56.40	49.15	44.52
2026	96.00	91.04	44.05	44.15
2027	93.07	67.07	36.70	41.30
2028	128.83	77.65	72.27	53.11
2029	122.20	57.11	44.50	37.52
2030	105.44	111.14	54.03	54.24

5.1.2 经济社会系统预测分析

5.1.2.1 发展思路与需水方案设置

影响需水量预测结果的因素很多，针对不同经济社会发展情景、不同产业结构、不同用水定额和节水水平，水资源需求量会有较大差异。这些差异可通过设定不同的需水方案来反映，即在现状节水水平和节水措施的基础上，根据自治区南疆地区、五大地州及塔里木河流域相关规划等成果，在综合考虑最严格的水资源管理制度三条红线控制指标基础上，采用情景分析方法，按照强化节水与适度节水两种情景分别拟定高增长和适度增长两种方案，共组合高、中、低三套需水方案，分析和预测塔里木河流域经济社会发展及用水需求。

5.1.2.2 人口与城镇化进程预测

自2000年以来，塔里木河流域总人口（常住人口，以下同）呈现出较快发展的态势，2000—2015年人口年均增长率为1.90%。其中2000—2005年人口年均增长率为1.97%，2005—2010年人口年均增长率为2.29%，2010—2015年人口年均增长率为1.44%，具体见图5.7。

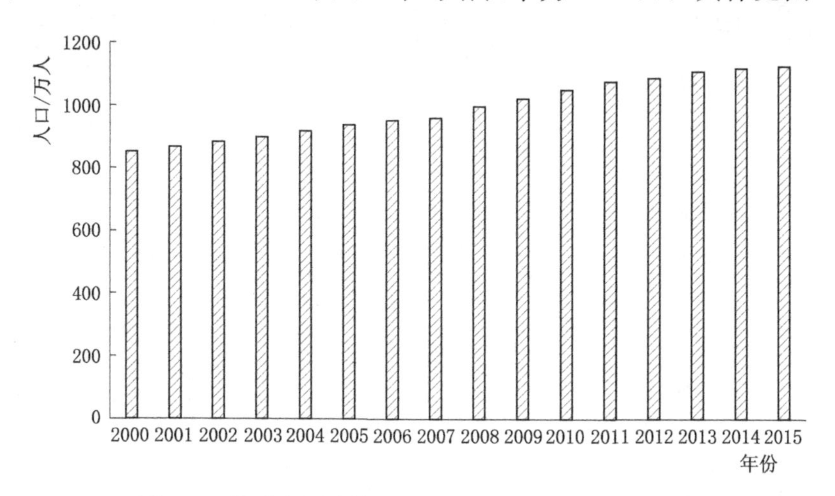

图5.7 塔里木河流域2000—2015年人口增长示意图

现状年塔里木河流域（指四源一干区域，以下同）人口总数约为703万人，其中城镇化率为31%，根据国家在民族地区实行的特殊生育政策和新疆计划生育委员会等部门所制定的发展目标，结合《新疆城镇体系规划（2012—2030年）》及新疆各地区人口规划有关成果，进行流域人口自然增长预测，国民经济发展规划人口自然增长率为11‰左右。在此基础上，考虑新疆跨越式发展，流域工业化加快，机械人口增长较快，主要为流域外或疆外人口的大量涌入，综合考虑各流域的人口自然增长和人口机械增长情况，拟定人口发展高速增长和适度增长两种方案。

1. 高速增长方案

预计到2020年塔里木河流域总人口达到819.4万人，较2015年新增116万人，2016—2020年平均增长率为3.10%；到2030年总人口将达到993.3万人，较2015年新增289.9万人，2021—2030年平均增长率为1.94%；预测到2020年城镇人口达到414.3万人，较2015年新增197.1万人，城镇化率为50.6%；2030年城镇人口达到594.4万人，较2015年新增377.2万人，城镇化率为59.8%。具体预测结果见表5.2。

表5.2　塔里木河流域人口发展预测结果（高速增长方案）

流域分区	地市分区	县市分区	总人口/万人			城镇人口/万人			城镇化率/%		
			2015年	2020年	2030年	2015年	2020年	2030年	2015年	2020年	2030年
阿克苏河流域	克州地区	阿合奇县	4.4	5.1	6.1	1.9	2.9	4.0	44.3	57.8	65.3
	阿克苏地区	乌什县	22.1	25.6	30.7	3.8	7.8	11.7	17.0	30.5	38.0
		温宿县	25.4	29.5	35.3	7.4	12.5	17.7	29.0	42.5	50.0
		阿克苏市	69.5	80.6	96.7	37.4	54.3	72.3	53.8	67.3	74.8
		阿瓦提县	25.3	29.4	35.2	5.7	10.6	15.3	22.5	36.0	43.5
		柯坪县	5.3	6.2	7.4	1.6	2.7	3.8	30.9	44.4	51.9
	小计		152.1	176.3	211.4	57.8	90.9	124.8	38.0	51.5	59.0
叶尔羌河流域	喀什地区	叶城县	48.1	56.1	68.8	9.2	24.5	37.7	19.1	43.6	54.8
		塔什库尔干塔吉克自治县	4.0	4.6	5.7	1.2	2.5	3.8	30.6	55.1	66.3
		莎车县	79.9	93.2	114.3	13.3	38.4	59.9	16.7	41.2	52.4
		泽普县	21.5	25.1	30.8	6.3	13.5	20.0	29.3	53.8	65.0
		巴楚县	51.6	60.2	73.8	21.2	37.5	44.0	41.0	62.4	59.6
		岳普湖县	6.6	7.7	9.4	1.4	3.5	5.4	21.6	46.1	57.3
		麦盖提县	26.6	31.0	38.0	8.2	17.1	25.2	30.7	55.2	66.4
	小计		238.2	278.0	340.9	60.8	137.1	196.0	25.5	49.3	57.5

续表

流域分区	地市分区	县市分区	总人口/万人			城镇人口/万人			城镇化率/%		
			2015年	2020年	2030年	2015年	2020年	2030年	2015年	2020年	2030年
和田河流域	和田地区	和田县	28.6	33.5	41.1	1.5	9.6	18.1	5.1	28.6	44.1
		洛浦县	25.8	30.3	37.1	3.1	10.8	18.9	12.0	35.5	51.0
		皮山县	27.5	32.3	39.5	6.0	14.6	24.1	21.8	45.3	60.8
		墨玉县	54.3	63.7	78.0	5.3	21.1	38.0	9.7	33.2	48.7
		和田市	33.2	38.9	47.6	14.3	25.9	39.2	43.3	66.8	82.3
	小计		169.4	198.7	243.4	30.2	82.1	138.2	17.8	41.3	56.8
开都—孔雀河流域	巴州地区	和静县	19.9	23.0	27.3	8.4	13.6	17.9	42.2	59.0	65.7
		焉耆县	16.1	18.7	22.1	6.3	10.5	13.9	39.3	56.1	62.8
		博湖县	6.2	7.2	8.5	1.9	3.4	4.6	30.7	47.5	54.2
		和硕县	7.8	9.0	10.6	3.2	5.2	6.8	40.8	57.6	64.3
		尉犁县	8.9	10.3	12.2	4.4	6.9	8.9	49.6	66.4	73.1
		库尔勒市	56.9	65.9	78.1	35.4	52.1	67.0	62.3	79.1	85.8
	小计		115.6	134.1	158.9	59.6	91.6	119.2	51.5	68.3	75.0
塔里木河干流	阿克苏地区	沙雅县	5.4	6.2	7.4	1.2	1.8	2.4	21.8	29.3	31.8
		库车县	14.4	16.6	20.0	5.1	7.2	9.1	35.6	43.1	45.6
	巴州地区	轮台县	6.0	6.9	8.3	1.5	2.2	2.9	24.6	32.1	34.6
		尉犁县	2.2	2.6	3.1	1.1	1.5	1.8	49.6	57.1	59.6
	小计		28.0	32.2	38.7	8.9	12.6	16.1	31.7	39.2	41.7
合计			703.4	819.4	993.3	217.2	414.3	594.4	30.9	50.6	59.8

2. 适度增长方案

预计到2020年塔里木河流域总人口达到791.7万人，较2015年新增88.3万人，2016—2020年平均增长率为2.39%；到2030年总人口将达到913.7万人，较2015年新增210.3万人，2021—2030年平均增长率为1.44%；预测到2020年城镇人口达到360.8万人，较2015年新增143.6万人，城镇化率为45.6%；2030年城镇人口达到501.1万人，较2015年新增283.9万人，城镇化率为54.8%。具体预测结果见表5.3。

表5.3 塔里木河流域人口发展预测结果(适度增长方案)

流域分区	地市分区	县市分区	总人口/万人			城镇人口/万人			城镇化率/%		
			2015年	2020年	2030年	2015年	2020年	2030年	2015年	2020年	2030年
阿克苏河流域	克州地区	阿合奇县	4.4	4.9	5.6	1.9	2.6	3.4	44.3	52.8	60.3
	阿克苏地区	乌什县	22.1	24.8	28.3	3.8	6.3	9.3	17.0	25.5	33.0
		温宿县	25.4	28.5	32.5	7.4	10.7	14.6	29.0	37.5	45.0
		阿克苏市	69.5	77.9	88.9	37.4	48.6	62.1	53.8	62.3	69.8
		阿瓦提县	25.3	28.4	32.4	5.7	8.8	12.5	22.5	31.0	38.5
		柯坪县	5.3	6.0	6.8	1.6	2.3	3.2	30.9	39.4	46.9
	小计		152.1	170.4	194.5	57.8	79.3	105.0	38.0	46.5	54.0
叶尔羌河流域	喀什地区	叶城县	48.1	54.2	63.3	9.2	20.9	31.5	19.1	38.6	49.8
		塔什库尔干塔吉克自治县	4.0	4.5	5.2	1.2	2.2	3.2	30.6	50.1	61.3
		莎车县	79.9	90.1	105.1	13.3	32.6	49.8	16.7	36.2	47.4
		泽普县	21.5	24.3	28.3	6.3	11.8	17.0	29.3	48.8	60.0
		巴楚县	51.6	58.2	67.9	21.2	33.4	37.1	41.0	57.4	54.6
		岳普湖县	6.6	7.4	8.7	1.4	3.1	4.5	21.6	41.1	52.3
		麦盖提县	26.6	30.0	35.0	8.2	15.0	21.5	30.7	50.2	61.4
	小计		238.2	268.6	313.6	60.8	119.1	164.6	25.5	44.3	52.5
和田河流域	和田地区	和田县	28.6	32.4	37.8	1.5	7.6	14.8	5.1	23.6	39.1
		洛浦县	25.8	29.3	34.1	3.1	8.9	15.7	12.0	30.5	46.0
		皮山县	27.5	31.2	36.4	6.0	12.6	20.3	21.8	40.3	55.8
		墨玉县	54.3	61.6	71.8	5.3	17.4	31.4	9.7	28.2	43.7
		和田市	33.2	37.6	43.8	14.3	23.2	33.8	43.3	61.8	77.3
	小计		169.4	192.0	223.9	30.2	69.7	116.0	17.8	36.3	51.8
开都—孔雀河流域	巴州地区	和静县	19.9	22.2	25.1	8.4	12.0	15.2	42.2	54.0	60.7
		焉耆县	16.1	18.0	20.3	6.3	9.2	11.8	39.3	51.1	57.8
		博湖县	6.2	6.9	7.8	1.9	2.9	3.8	30.7	42.5	49.2
		和硕县	7.8	8.7	9.8	3.2	4.6	5.8	40.8	52.6	59.3
		尉犁县	8.9	10.0	11.3	4.4	6.1	7.7	49.6	61.4	68.1
		库尔勒市	56.9	63.7	71.9	35.4	47.2	58.0	62.3	74.1	80.8
	小计		115.6	129.6	146.2	59.6	82.1	102.4	51.5	63.3	70.0

续表

流域分区	地市分区	县市分区	总人口/万人			城镇人口/万人			城镇化率/%		
			2015年	2020年	2030年	2015年	2020年	2030年	2015年	2020年	2030年
塔里木河干流	阿克苏地区	沙雅县	5.4	6.0	6.8	1.2	1.4	1.8	21.8	24.3	26.8
		库车县	14.4	16.1	18.4	5.1	6.1	7.5	35.6	38.1	40.6
	巴州地区	轮台县	6.0	6.6	7.6	1.5	1.8	2.2	24.6	27.1	29.6
		尉犁县	2.2	2.5	2.8	1.1	1.3	1.5	49.6	52.1	54.6
	小计		28.0	31.1	35.6	8.9	10.7	13.1	31.7	34.2	36.7
合计			703.4	791.7	913.7	217.2	360.8	501.1	30.9	45.6	54.8

5.1.2.3 国民经济发展预测

党中央和国务院在“一带一路的愿景与行动”中明确指出，要充分发挥新疆独特的区域优势和向西开放重要窗口作用，深化与中亚、南亚、西亚等国家交流合作，形成丝绸之路经济带上的重要交通枢纽、商贸物流和文化科教中心，打造丝绸之路经济带核心区。按照规划塔里木河流域是我国陆上丝绸之路建设的重要必经区，尤其是中巴经济走廊的核心位置，而塔里木河流域现状生态环境状况决定了这一区域能否支撑中巴经济走廊建设发展的首要条件。

基于中央新疆工作座谈会及其自治区党委历次全委扩大会议作出的重大战略部署，为了实现新疆产业转型和跨越式发展，在市场配置资源下，新疆地区重点发展“一圈多群、三轴一带”的空间格局和重点打造天山北坡和南疆三地市州两大产业带的发展需求，并考虑到南疆地区工业发展存在的不确定性，采用“高效利用、严格管理、分步实施、远期达标”的要求，提出放缓塔里木河流域灌溉面积减退任务，实现2020年塔里木河流域用水总量较现状用水总量有明显减少，尤其是农业用水量要有根本性的减少，用水总量可以稍微突破用水总量控制指标，2030年塔里木河流域用水总量控制指标严格达到用水总量控制指标以内。

1. 工业发展预测

对西北内陆区而言，生态环境是基础，农业生产是根本，工业是经济枝繁叶茂、欣欣向荣的基本驱动力，塔里木河流域现状年以农业为主，工业基础薄弱，根据《中共中央、国务院关于推进新疆跨越式发展和长治久安的意见》（中发〔2010〕9号），新疆未来通过实施“跨越式发展战略”，在缓解生态系统和水资源系统压力的前提下，将逐步缩小与东部地区发展的差距，根据新疆能源发展规划，塔里木河流域将主要布局天然气、石化产业、煤炭产业与煤化工产业、棉纺织业等。未来通过石化能源基地、煤炭基地、食品和特色食品加工生产基地、轻纺工业基地等建设，全面推进新型工业化进程。实现经济增长方式由粗放型向集约型、资源由低水平向高水平、大规模化产业的转变，逐步形成产业优势和特色经济优势。

自2000年以来，塔里木河流域工业呈现出较快发展的态势，2000—2015年工业增加值年均增长率为19.0%。其中，2000—2005年工业增加值年均增长率为21.5%，2005—2010年工业增加值年均增长率为16.2%，2010—2015年工业增加值年均增长率为19.4%，具体见图5.8。依据“十二五”、《新疆水资源平衡论证报告》《南疆水资源利用规划》等规划成果，按照高速发展和适度发展两种模式分别对塔里木河流域工业发展情况进行预测。

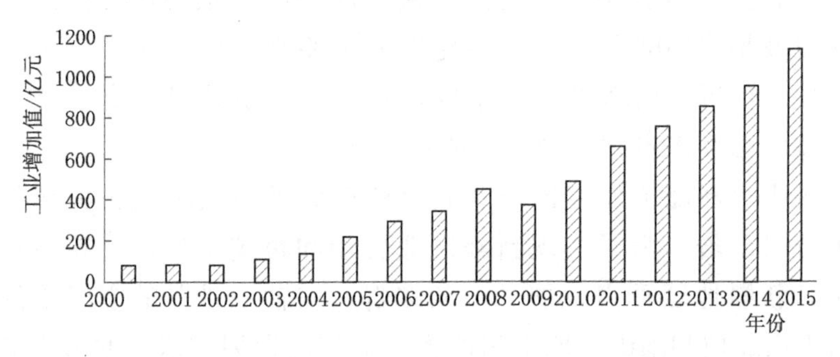

图5.8　塔里木河流域2000—2015年工业增加值增长示意图

（1）高速增长方案。预计到2020年塔里木河流域工业增加值达到2254.8亿元，较2015年新增1607.2亿元，2016—2020年平均增长率为28.3%；到2030年工业增加值将达到7237.9亿元，较2015年新增6590.2亿元，2021—2030年平均增长率为12.4%。具体预测结果见表5.4。

（2）适度增长方案。预计到2020年塔里木河流域工业增加值将达到1671.9亿元，较2015年新增1024.2亿元，2016—2020年平均增长率为20.9%；到2030年工业增加值将达到4095.5亿元，较2015年新增3447.8亿元，2021—2030年平均增长率为9.4%。具体预测结果见表5.4。

表 5.4　　　　塔里木河流域工业增加值预测结果　　　　单位：亿元

流域分区	地市分区	县市分区	高速增长方案			适度增长方案		
			2015 年	2020 年	2030 年	2015 年	2020 年	2030 年
阿克苏河流域	克州地区	阿合奇县	1.3	2.6	9.7	1.3	1.9	5.4
	阿克苏地区	乌什县	1.4	5.3	21.6	1.4	3.9	12.3
		温宿县	7.5	28.1	114.7	7.5	20.9	65.5
		阿克苏市	55.4	207.0	846.8	55.4	154.0	483.6
		阿瓦提县	3.5	13.2	54.0	3.5	9.8	30.8
		柯坪县	0.5	1.8	7.4	0.5	1.3	4.2
	小　计		69.5	258.0	1054.2	69.5	191.8	601.9
叶尔羌河流域	喀什地区	叶城县	8.2	26.7	109.1	8.2	19.7	61.9
		塔什库尔干塔吉克自治县	1.5	5.0	20.5	1.5	3.7	11.6
		莎车县	5.5	18.0	73.5	5.5	13.3	41.8
		泽普县	4.0	13.1	53.5	4.0	9.7	30.4
		巴楚县	4.0	13.1	53.6	4.0	9.7	30.5
		岳普湖县	1.4	4.7	19.3	1.4	3.5	10.9
		麦盖提县	2.5	8.2	33.4	2.5	6.0	19.0
	小　计		27.2	88.7	362.9	27.2	65.6	206.0
和田河流域	和田地区	和田县	2.3	6.6	26.3	2.3	4.8	14.8
		洛浦县	1.0	2.9	11.8	1.0	2.2	6.6
		皮山县	0.5	1.4	5.7	0.5	1.0	3.2
		墨玉县	0.7	2.0	7.8	0.7	1.4	4.4
		和田市	7.5	21.1	84.5	7.5	15.5	47.7
	小　计		12.0	33.9	136.2	12.0	24.9	76.8
开都—孔雀河流域	巴州地区	和静县	31.6	109.6	327.5	31.6	81.2	184.8
		焉耆县	9.8	34.0	101.6	9.8	25.2	57.3
		博湖县	2.0	6.9	20.5	2.0	5.1	11.6
		和硕县	2.4	8.3	24.7	2.4	6.1	13.9
		尉犁县	0.9	3.2	9.7	0.9	2.4	5.4
		库尔勒市	462.4	1603.4	4791.8	462.4	1188.6	2704.7
	小　计		509.1	1765.3	5275.6	509.1	1308.6	2977.8

续表

流域分区	地市分区	县市分区	高速增长方案			适度增长方案		
			2015年	2020年	2030年	2015年	2020年	2030年
塔里木河干流	阿克苏地区	沙雅县	1.3	4.9	20.0	1.3	3.6	11.4
		库车县	19.0	71.1	290.7	19.0	52.9	166.0
	巴州地区	轮台县	9.3	32.1	95.9	9.3	23.8	54.1
		尉犁县	0.2	0.8	2.4	0.2	0.6	1.4
	小计		29.8	108.9	409.0	29.8	80.9	232.9
合计			647.7	2254.8	7237.9	647.7	1671.9	4095.5

2. 农业发展预测

塔里木河流域现状年农业用水量过大，在挤占生态环境用水的同时也增加了城镇和工业发展用水供给的困难，因此，流域应转变单纯依靠扩大灌溉面积的传统粗放发展模式，在满足粮食自给的前提下，大力发展优质棉花、特色林果与特色经济作物和畜牧业的特色农业，因地制宜地发展管灌、喷灌和滴灌，大力推行节水灌溉技术；但考虑到国家下达的用水总量控制红线，在保持现状灌溉面积条件下仅通过农业节水措施而不退减灌溉面积的情况下，农业用水需求仍超过用水总量控制红线指标，因此，塔里木河流域未来规划水平年必须采取节水和退地"两条腿"才能走向可持续发展道路。鉴于节水退地具体实施的难度相对较大，因此农业采取两种发展方案：高发展方案是严格按照用水总量控制要求加大力度节水、退地；适度发展方案是分步实施，远期达标放缓节水、退地力度。

(1) 高发展方案。预计到2020年塔里木河流域农田灌溉面积退减到2476.3万亩，较2015年退减473.1万亩，其中节水灌溉面积将达到1899.7万亩，相对2015年新增1171.9万亩；到2030年农田灌溉面积退减到2327.7万亩，较2015年退减621.7万亩，其中节水灌溉面积将达到2003.6万亩，相对2015年新增1275.7万亩。具体预测结果见表5.5。

(2) 适度发展方案。预计到2020年塔里木河流域农田灌溉面积退减到2555.8万亩，较2015年退减393.6万亩，其中节水灌溉面积将达到1719.9万亩，相对2015年新增992.1万亩；到2030年农田灌溉面积退减到2504.1万亩，较2015年退减445.3万亩，其中节水灌溉面积将达到1833.0万亩，相对2015年新增1105.1万亩。具体预测结果见表5.6。

表 5.5　　塔里木河流域农田灌溉面积预测结果（高发展方案）　　单位：万亩

流域分区	地市分区	县市分区	2015年			2020年			2030年		
			常规灌溉	节水灌溉	合计	常规灌溉	节水灌溉	合计	常规灌溉	节水灌溉	合计
阿克苏河流域	克州地区	阿合奇县	20.2	1.5	21.7	7.3	14.2	21.5	4.7	15.8	20.6
	阿克苏地区	乌什县	56.3	21.2	77.5	17.2	50.5	67.7	11.0	52.6	63.6
		温宿县	258.0	51.8	309.8	68.7	201.7	270.4	43.9	210.2	254.1
		阿克苏市	165.0	47.1	212.1	47.0	138.1	185.1	30.1	143.9	173.9
		阿瓦提县	162.2	75.4	237.5	52.7	154.7	207.3	33.7	161.1	194.8
		柯坪县	41.4	16.0	57.4	12.7	37.4	50.1	8.1	39.0	47.1
	小　计		703.1	213.0	916.1	205.6	596.6	802.2	131.5	622.6	754.1
叶尔羌河流域	喀什地区	叶城县	144.1	41.1	185.2	37.3	112.6	149.9	24.0	120.2	144.2
		塔什库尔干塔吉克自治县	20.5	0.4	21.0	4.2	12.7	17.0	2.7	13.6	16.3
		莎车县	209.8	32.6	242.5	48.9	147.4	196.2	31.5	157.3	188.8
		泽普县	46.8	38.8	85.5	17.2	52.0	69.2	11.1	55.5	66.6
		巴楚县	126.6	12.4	139.0	28.0	84.5	112.5	18.0	90.2	108.2
		岳普湖县	53.8	19.7	73.5	14.8	44.7	59.5	9.5	47.7	57.2
		麦盖提县	165.0	7.6	172.6	34.8	104.9	139.7	22.4	112.0	134.4
	小　计		766.7	152.6	919.3	185.2	558.8	744.0	119.3	596.5	715.8
和田河流域	和田地区	和田县	67.7	8.0	75.7	20.9	52.6	73.6	5.8	57.7	63.5
		洛浦县	68.8	8.0	76.8	21.2	53.4	74.6	5.8	58.5	64.3
		皮山县	51.3	5.3	56.6	15.6	39.4	55.0	4.3	43.1	47.4
		墨玉县	116.5	7.3	123.9	34.2	86.1	120.3	9.4	94.4	103.8
		和田市	44.5	2.7	47.2	13.0	32.8	45.8	3.6	35.9	39.5
	小　计		348.8	31.3	380.1	105.0	264.3	369.3	29.0	289.6	318.6
开都—孔雀河流域	巴州地区	和静县	21.4	45.2	66.6	5.4	43.6	49.0	2.6	44.8	47.4
		焉耆县	21.5	45.2	66.7	5.4	43.7	49.0	2.6	44.9	47.5
		博湖县	18.3	23.6	41.9	3.4	27.4	30.8	1.6	28.2	29.8
		和硕县	46.5	37.3	83.8	6.8	54.9	61.7	3.3	56.4	59.7
		尉犁县	27.0	51.8	78.8	6.4	51.6	58.0	3.1	53.0	56.1
		库尔勒市	136.5	57.0	193.5	15.6	126.7	142.3	7.6	130.2	137.8
	小　计		271.2	260.0	531.3	42.9	347.9	390.8	20.8	357.6	378.4

续表

流域分区	地市分区	县市分区	2015年			2020年			2030年		
			常规灌溉	节水灌溉	合计	常规灌溉	节水灌溉	合计	常规灌溉	节水灌溉	合计
塔里木河干流	阿克苏地区	沙雅县	51.3	21.6	72.9	16.2	47.5	63.7	10.3	49.5	59.8
		库车县	52.9	26.9	79.7	17.7	51.9	69.6	11.3	54.1	65.4
	巴州地区	轮台县	20.9	9.4	30.3	2.4	19.8	22.3	1.2	20.4	21.6
		尉犁县	6.7	13.0	19.7	1.6	12.9	14.5	0.8	13.3	14.0
	小　计		131.8	70.9	202.7	37.9	132.1	170.0	23.6	137.2	160.8
合　计			2221.6	727.9	2949.4	576.6	1899.7	2476.3	324.2	2003.6	2327.7

表5.6　塔里木河流域农田灌溉面积预测结果（适度发展方案） 单位：万亩

流域分区	地市分区	县市分区	2015年			2020年			2030年		
			常规灌溉	节水灌溉	合计	常规灌溉	节水灌溉	合计	常规灌溉	节水灌溉	合计
阿克苏河流域	克州地区	阿合奇县	20.2	1.5	21.7	6.8	3.1	16.2	5.5	3.3	15.7
	阿克苏地区	乌什县	56.3	21.2	77.5	19.1	44.3	57.9	15.4	46.8	56.1
		温宿县	258.0	51.8	309.8	87.4	108.4	231.2	70.7	114.5	224.3
		阿克苏市	165.0	47.1	212.1	55.9	98.5	158.3	45.2	104.1	153.6
		阿瓦提县	162.2	75.4	237.5	54.9	157.7	177.3	44.4	166.6	172.0
		柯坪县	41.4	16.0	57.4	14.0	33.5	42.9	11.3	35.4	41.6
	小　计		703.1	213.0	916.1	238.0	445.5	683.6	192.6	470.8	663.3
叶尔羌河流域	喀什地区	叶城县	144.1	41.1	185.2	53.3	149.4	202.7	45.6	159.9	205.6
		塔什库尔干塔吉克自治县	20.5	0.4	21.0	7.6	1.6	9.2	6.5	1.7	8.2
		莎车县	209.8	32.6	242.5	77.6	118.5	196.1	66.5	126.9	193.3
		泽普县	46.8	38.8	85.5	17.3	140.8	158.1	14.8	150.7	165.5
		巴楚县	126.6	12.4	139.0	46.8	45.1	92.0	40.1	48.3	88.4
		岳普湖县	53.8	19.7	73.5	19.9	71.5	91.4	17.0	76.5	93.6
		麦盖提县	165.0	7.6	172.6	61.0	27.5	88.5	52.3	29.4	81.7
	小　计		766.7	152.6	919.3	283.5	554.3	837.8	242.8	593.5	836.3

续表

流域分区	地市分区	县市分区	2015年			2020年			2030年		
			常规灌溉	节水灌溉	合计	常规灌溉	节水灌溉	合计	常规灌溉	节水灌溉	合计
和田河流域	和田地区	和田县	67.7	8.0	75.7	29.8	57.3	87.1	27.0	62.7	89.7
		洛浦县	68.8	8.0	76.8	30.3	57.3	87.6	27.4	62.7	90.1
		皮山县	51.3	5.3	56.6	22.6	38.2	60.8	20.4	41.8	62.2
		墨玉县	116.5	7.3	123.9	51.4	52.5	103.9	46.4	57.5	103.9
		和田市	44.5	2.7	47.2	19.6	19.1	38.7	17.7	20.9	38.6
	小　计		348.8	31.3	380.1	153.7	224.3	378.0	139.0	245.7	384.6
开都—孔雀河流域	巴州地区	和静县	21.4	45.2	66.6	9.0	63.4	72.4	4.9	67.0	71.9
		焉耆县	21.5	45.2	66.7	9.0	63.4	72.5	4.9	67.0	71.9
		博湖县	18.3	23.6	41.9	7.7	33.1	40.8	4.2	34.9	39.1
		和硕县	46.5	37.3	83.8	19.6	52.4	72.0	10.6	55.3	66.0
		尉犁县	27.0	51.8	78.8	11.3	72.8	84.1	6.2	76.9	83.0
		库尔勒市	136.5	57.0	193.5	57.4	80.0	137.4	31.2	84.5	115.7
	小　计		271.2	260.0	531.3	114.0	365.1	479.2	62.0	385.6	447.6
塔里木河干流	阿克苏地区	沙雅县	51.3	21.6	72.9	17.2	44.2	61.5	14.1	46.5	60.6
		库车县	52.9	26.9	79.7	17.8	54.9	72.7	14.5	57.8	72.2
	巴州地区	轮台县	20.9	9.4	30.3	8.8	13.2	22.0	4.8	14.0	18.7
		尉犁县	6.7	13.0	19.7	2.8	18.2	21.0	1.5	19.2	20.8
	小　计		131.8	70.9	202.7	46.6	130.6	177.2	34.8	137.5	172.3
合　计			2221.6	727.9	2949.4	835.9	1719.9	2555.8	671.1	1833.0	2504.1

5.1.2.4 经济社会发展需水预测

1. 用水效率分析

随着经济社会的不断发展与进步，用水效率指标将呈现出越来越先进的发展趋势，即生产行业的用水效率指标将逐渐下降。而随着人们生活水平的不断提高，生活用水的需求将不断增大，居民生活需水定额将呈现逐渐增长的趋势。

生活用水涵盖居民生活用水、牲畜、建筑业、第三产业及城镇生态环境用水，以2001—2014年的生活定额为基础，采用趋势外推法确定2020年、2030年人均生活毛定额。强化节水方案：预计2020年、2030年城镇生活需水定额分别为216L/(人·d)、221 L/(人·d)；2020年、2030年农村生活需水定额分别为123L/(人·d)、143L/(人·d)；适度节水方案：预计2020年、2030年城镇生活需水定额分别为

254L/(人·d)、274L/(人·d)；2020年、2030年农村生活需水定额分别为120L/(人·d)、153L/(人·d)。

工业强化节水方案：预计2020年、2030年工业增加值取水量将分别减小到32m³/万元和17m³/万元；工业适度节水方案：预计2020年、2030年工业增加值取水量将分别减小到37m³/万元和24m³/万元。

在综合考虑灌区续建配套与节水改造、种植结构调整、灌溉制度优化等综合措施下，农业强化节水方案：预计2020年、2030年综合灌溉毛定额分别为666亩/m³、652亩/m³；农业适度节水方案：预计2020年、2030年综合灌溉毛定额分别为695亩/m³、674亩/m³。

2. 经济社会需水预测

根据塔里木河流域人口、经济发展预测结果及用水效率定额分析，预测经济社会需水量，按照经济社会协调发展的要求（经济发展与人口增长同步，即经济高增长对应人口高增长，反之亦然），分析和确定三种组合方案，具体结果见表5.7。

表5.7　需水方案组合

需水方案	发展、效率指标组合
方案Ⅰ	高增长
	强化节水
方案Ⅱ	适度增长
	强化节水
方案Ⅲ	高增长
	适度节水

预测结果显示如下：

方案Ⅰ：2020年生活和工业需水相对2015年（基准年）分别增加了1.60亿m³、4.38亿m³，农业需水相对2015年减少了60.94亿m³；2030年生活和工业需水相对2015年分别增加了3.38亿m³、9.67亿m³，农业需水相对2015年减少了74.62亿m³，详见表5.8。

方案Ⅱ：2020年生活和工业需水相对2015年（基准年）分别增加了1.29亿m³、2.52亿m³，农业需水相对2015年减少了56.05亿m³；2030年生活和工业需水相对2015年分别增加了2.70亿m³、4.27亿m³，农业需水相对2015年减少了62.98亿m³，详见表5.9。

方案Ⅲ：2020年生活和工业需水相对2015年（基准年）分别增加了1.75亿m³、5.50亿m³，农业需水相对2015年减少了53.97亿m³；2030年生活和工业需水相对2015年分别增加了3.81亿m³、14.73亿m³，农业需水相对2015年减少了69.38亿m³，详见表5.10。

表 5.8　塔里木河流域需水量预测结果汇总（方案Ⅰ）

单位：万 m^3

流域分区	地市分区	县市分区	2015年（基准年）						2020年						2030年					
			生活			工业	农业	合计	生活			工业	农业	合计	生活			工业	农业	合计
			城镇生活	农村生活	小计				城镇生活	农村生活	小计				城镇生活	农村生活	小计			
阿克苏河流域	克州地区	阿合奇县	147	93	240	123	18146	18509	227	96	323	233	14663	15218	315	110	425	778	13358	14561
	阿克苏地区	乌什县	274	704	977	111	54667	55756	613	801	1414	274	44669	46357	929	995	1924	560	41082	43567
		温宿县	538	691	1229	593	218436	220258	983	761	1744	1459	178488	181690	1406	922	2328	2983	164154	169465
		阿克苏市	2732	1230	3963	4373	149523	157859	4261	1183	5444	10766	122178	138388	5756	1270	7026	22016	112366	141408
		阿瓦提县	415	753	1168	279	167468	168915	829	845	1674	687	136841	139201	1218	1039	2257	1404	125852	129513
		柯坪县	120	141	260	38	40486	40785	215	154	368	94	33082	33544	305	185	490	193	30425	31108
	小　计		4226	3612	7838	5518	648727	662082	7128	3838	10966	13513	529920	554398	9928	4522	14450	27934	487237	529621
叶尔羌河流域	喀什地区	叶城县	670	1492	2162	604	155772	158539	1920	1422	3342	1467	104941	109750	3070	1625	4694	3600	97639	105933
		塔什库尔干塔吉克自治县	88	105	194	113	17638	17945	200	93	293	275	11882	12450	306	100	405	676	11055	12137
		莎车县	973	2550	3523	407	203912	207843	3013	2461	5474	989	137372	143834	4873	2840	7713	2427	127813	137954
		泽普县	461	583	1044	296	71924	73264	1061	521	1582	719	48454	50755	1630	563	2193	1765	45082	49041
		巴楚县	1545	1166	2711	297	116915	119923	2946	1017	3963	721	78764	83448	3581	1557	5138	1770	73283	80190

续表

流域分区	地市分区	县市分区	2015年（基准年）						2020年						2030年					
			生活			工业	农业	合计	生活			工业	农业	合计	生活			工业	农业	合计
			城镇生活	农村生活	小计				城镇生活	农村生活	小计				城镇生活	农村生活	小计			
叶尔羌河流域	喀什地区	岳普湖县	104	198	302	107	61808	62217	278	186	465	259	41639	42362	440	210	651	635	38742	40027
		麦盖提县	595	706	1301	185	145135	146621	1343	624	1967	449	97775	100191	2054	668	2722	1102	90971	94795
	小计		4437	6801	11238	2010	773103	786351	10760	6325	17085	4878	520827	542790	15954	7562	23516	11976	484585	520077
和田河流域	和田地区	和田县	106	1040	1146	323	66861	68330	734	1075	1809	846	52961	55616	1407	1198	2605	2342	45057	50004
		洛浦县	227	872	1099	145	67789	69032	824	877	1702	379	53696	55777	1472	949	2421	1049	45682	49153
		皮山县	441	825	1266	70	49979	51315	1122	792	1914	183	39589	41686	1870	808	2679	508	33681	36867
		墨玉县	387	1880	2267	96	109384	111747	1621	1910	3532	252	86644	90427	2955	2090	5044	697	73713	79454
		和田市	1052	721	1773	1039	41648	44460	1989	580	2569	2717	32990	38276	3045	441	3486	7523	28067	39076
	小计		2213	5337	7551	1674	335661	344885	6290	5235	11525	4378	265879	281782	10748	5486	16234	12120	226200	254554
开都—孔雀河流域	巴州地区	和静县	664	440	1103	1043	45430	47576	1116	424	1539	2739	28370	32649	1492	488	1980	3929	27094	33003
		焉耆县	501	374	876	323	45463	46662	861	368	1228	850	28391	30469	1156	429	1586	1219	27114	29918
		博湖县	150	164	315	65	28557	28937	280	169	449	172	17833	18454	383	203	586	247	17031	17864
		和硕县	250	176	426	79	57176	57681	425	171	596	206	35706	36508	570	199	768	296	34099	35163
		尉犁县	350	172	522	31	53744	54296	563	156	719	81	33562	34362	744	172	916	116	32052	33084
		库尔勒市	2805	822	3627	15260	131952	150839	4282	619	4902	40085	82403	127390	5577	580	6157	57501	78695	142353
	小计		4720	2148	6868	16801	362322	385991	7527	1907	9433	44133	226266	279832	9922	2071	11993	63307	216085	291386

续表

流域分区	地市分区	县市分区	2015年（基准年）						2020年						2030年					
			生活			工业	农业	合计	生活			工业	农业	合计	生活			工业	农业	合计
			城镇生活	农村生活	小计				城镇生活	农村生活	小计				城镇生活	农村生活	小计			
塔里木河干流	阿克苏地区	沙雅县	85	161	247	103	51423	51773	142	196	338	254	42019	42611	188	265	452	519	38644	39615
		库车县	375	356	732	1502	56207	58441	562	424	986	3696	45928	50611	724	567	1291	7559	42240	51089
	巴州地区	轮台县	116	173	289	305	20657	21252	181	210	391	802	12900	14093	238	282	520	1151	12320	13990
		尉犁县	87	43	130	8	13436	13574	120	49	169	20	8391	8580	153	65	217	29	8013	8259
	小计		665	733	1398	1918	141724	145039	1005	880	1885	4773	109237	115895	1302	1178	2480	9258	101217	112954
合计			16261	18631	34892	27920	2261536	2324348	32710	18184	50894	71674	1652129	1774697	47854	20819	68673	124595	1515325	1708592

表 5.9　塔里木河流域需水量预测结果汇总（方案Ⅱ）　　单位：万 m^3

流域分区	地市分区	县市分区	2015年（基准年）						2020年						2030年					
			生活			工业	农业	合计	生活			工业	农业	合计	生活			工业	农业	合计
			城镇生活	农村生活	小计				城镇生活	农村生活	小计				城镇生活	农村生活	小计			
阿克苏河流域	克州地区	阿合奇县	147	93	240	123	18146	18509	200	104	304	169	11020	11492	267	116	383	432	10192	11006
	阿克苏地区	乌什县	274	704	977	111	54667	55756	495	829	1324	204	38188	39716	742	989	1731	320	36271	38322
		温宿县	538	691	1229	593	218436	220258	838	799	1637	1085	152590	155312	1164	933	2097	1704	144929	148729

续表

流域分区	地市分区	县市分区	2015年（基准年）						2020年						2030年					
			生活			工业	农业	合计	生活			工业	农业	合计	生活			工业	农业	合计
			城镇生活	农村生活	小计				城镇生活	农村生活	小计				城镇生活	农村生活	小计			
阿克苏河流域	阿克苏地区	阿克苏市	2732	1230	3963	4373	149523	157859	3811	1318	5129	8007	104450	117587	4941	1400	6341	12574	99206	118122
		阿瓦提县	415	753	1168	279	167468	168915	690	880	1569	511	116986	119066	991	1040	2032	802	111112	113946
		柯坪县	120	141	260	38	40486	40785	184	162	346	70	28282	28698	253	188	442	110	26862	27414
	小　计		4226	3612	7838	5518	648727	662082	6218	4091	10309	10046	451516	471871	8358	4667	13025	15942	428572	457539
叶尔羌河流域	喀什地区	叶城县	670	1492	2162	604	155772	158539	1642	1496	3138	1084	141862	146084	2566	1660	4226	2044	139160	145430
		塔什库尔干塔吉克自治县	88	105	194	113	17638	17945	175	100	276	204	6437	6916	260	105	365	384	5564	6313
		莎车县	973	2550	3523	407	203912	207843	2558	2580	5138	731	137263	143132	4055	2887	6942	1378	130874	139194
		泽普县	461	583	1044	296	71924	73264	930	558	1488	532	110644	112664	1384	592	1976	1002	112055	115033
		巴楚县	1545	1166	2711	297	116915	119923	2618	1114	3732	533	64365	68630	3018	1609	4627	1005	59858	65490
		岳普湖县	104	198	302	107	61808	62217	240	197	437	191	63975	64603	370	216	586	361	63356	64302
		麦盖提县	595	706	1301	185	145135	146621	1180	671	1850	332	61932	64114	1748	706	2453	626	55278	58357
	小　计		4437	6801	11238	2010	773103	786351	9343	6715	16058	3607	586478	606142	13401	7775	21176	6800	566145	594120

续表

流域分区	地市分区	县市分区	2015年（基准年）						2020年						2030年					
			生活			工业	农业	合计	生活			工业	农业	合计	生活			工业	农业	合计
			城镇生活	农村生活	小计				城镇生活	农村生活	小计				城镇生活	农村生活	小计			
和田河流域	和田地区	和田县	106	1040	1146	323	66861	68330	585	1111	1696	621	62721	65039	1147	1201	2348	1321	63691	67360
		洛浦县	227	872	1099	145	67789	69032	684	914	1598	278	63054	64931	1221	962	2183	592	63988	66763
		皮山县	441	825	1266	70	49979	51315	964	836	1800	135	43756	45691	1579	839	2418	286	44192	46896
		墨玉县	387	1880	2267	96	109384	111747	1331	1984	3315	185	74774	78274	2439	2110	4549	393	73789	78731
		和田市	1052	721	1773	1039	41648	44460	1778	645	2423	1996	27863	32282	2631	520	3151	4241	27432	34825
	小　计		2213	5337	7551	1674	335661	344885	5342	5489	10832	3215	272169	286216	9017	5632	14649	6833	273093	294575
开都—孔雀河流域	巴州地区	和静县	664	440	1103	1043	45430	47576	987	459	1446	2031	41944	45421	1268	514	1782	2218	41046	45045
		焉耆县	501	374	876	323	45463	46662	757	396	1153	630	41956	43739	979	448	1427	688	41052	43167
		博湖县	150	164	315	65	28557	28937	242	179	421	127	23616	24164	320	207	527	139	22344	23010
		和硕县	250	176	426	79	57176	57681	375	185	560	153	41661	42374	483	208	691	167	37665	38524
		尉犁县	350	172	522	31	53744	54296	503	173	676	60	48715	49451	638	187	825	65	47419	48309
		库尔勒市	2805	822	3627	15260	131952	150839	3876	742	4618	29715	79536	113869	4831	721	5552	32456	66037	104044
	小　计		4720	2148	6868	16801	362322	385991	6740	2133	8874	32716	277428	319018	8518	2286	10804	35733	255562	302099
塔里木河干流	阿克苏地区	沙雅县	85	161	247	103	51423	51773	114	203	317	189	40582	41087	145	261	407	296	39125	39828
		库车县	375	356	732	1502	56207	58441	480	446	926	2749	47989	51664	593	569	1162	4317	46667	52147

续表

流域分区	地市分区	县市分区	2015年（基准年）						2020年						2030年					
			生活			工业	农业	合计	生活			工业	农业	合计	生活			工业	农业	合计
			城镇生活	农村生活	小计				城镇生活	农村生活	小计				城镇生活	农村生活	小计			
塔里木河干流	巴州地区	轮台县	116	173	289	305	20657	21252	148	217	365	595	12742	13702	187	279	466	650	10704	11820
		尉犁县	87	43	130	8	13436	13574	106	53	159	15	12179	12353	129	67	196	16	11855	12067
	小计		665	733	1398	1918	141724	145039	847	920	1767	3548	113492	118806	1054	1176	2230	5280	108351	115861
合计			16261	18631	34892	27920	2261536	2324348	28492	19348	47840	53131	1701083	1802054	40349	21536	61885	70587	1631723	1764194

表5.10 塔里木河流域需水量预测结果汇总（方案Ⅲ） 单位：万 m^3

流域分区	地市分区	县市分区	2015年（基准年）						2020年						2030年					
			生活			工业	农业	合计	生活			工业	农业	合计	生活			工业	农业	合计
			城镇生活	农村生活	小计				城镇生活	农村生活	小计				城镇生活	农村生活	小计			
阿克苏河流域	克州地区	阿合奇县	147	93	240	123	18146	18509	232	100	332	246	15802	16380	329	121	451	846	14530	15826
	阿克苏地区	乌什县	274	704	977	111	54667	55756	627	833	1460	300	43654	45415	971	1100	2071	711	40573	43356
		温宿县	538	691	1229	593	218436	220258	1006	792	1797	1599	174431	177828	1470	1019	2489	3786	162121	168396
		阿克苏市	2732	1230	3963	4373	149523	157859	4360	1231	5591	11802	119401	136793	6020	1403	7423	27943	110974	146341
		阿瓦提县	415	753	1168	279	167468	168915	848	879	1727	753	133731	136211	1274	1148	2422	1782	124293	128497

续表

流域分区	地市分区	县市分区	2015年（基准年）						2020年						2030年					
			生活			工业	农业	合计	生活			工业	农业	合计	生活			工业	农业	合计
			城镇生活	农村生活	小计				城镇生活	农村生活	小计				城镇生活	农村生活	小计			
阿克苏河流域	阿克苏地区	柯坪县	120	141	260	38	40486	40785	219	160	380	103	32330	32813	319	205	524	245	30048	30817
	小计		4226	3612	7838	5518	648727	662082	7293	3994	11287	14803	519349	545439	10384	4996	15380	35314	482540	533233
叶尔羌河流域	喀什地区	叶城县	670	1492	2162	604	155772	158539	1965	1480	3445	1600	112137	117181	3207	1795	5002	4364	101965	111332
		塔什库尔干塔吉克自治县	88	105	194	113	17638	17945	204	97	301	300	12697	13299	319	110	430	819	11545	12794
		莎车县	973	2550	3523	407	203912	207843	3083	2561	5644	1078	146792	153514	5092	3138	8230	2942	133477	144649
		泽普县	461	583	1044	296	71924	73264	1086	542	1628	784	51777	54189	1703	622	2325	2140	47080	51545
		巴楚县	1545	1166	2711	297	116915	119923	3014	1059	4073	786	84164	89024	3741	1720	5461	2145	76530	84137
		岳普湖县	104	198	302	107	61808	62217	285	194	479	282	44494	45255	460	232	692	770	40458	41921
		麦盖提县	595	706	1301	185	145135	146621	1374	650	2024	490	104479	106993	2146	738	2884	1336	95002	99223
	小计		4437	6801	11238	2010	773103	786351	11010	6582	17593	5322	556540	579455	16669	8355	25025	14516	506059	545600
和田河流域	和田地区	和田县	106	1040	1146	323	66861	68330	751	1118	1870	879	55756	58505	1473	1324	2797	2526	46834	52157
		洛浦县	227	872	1099	145	67789	69032	844	913	1757	394	56530	58681	1541	1049	2589	1132	47484	51205
		皮山县	441	825	1266	70	49979	51315	1148	824	1973	191	41678	43842	1958	893	2851	548	35009	38408

续表

流域分区	地市分区	县市分区	2015年（基准年）						2020年						2030年					
			生活			工业	农业	合计	生活			工业	农业	合计	生活			工业	农业	合计
			城镇生活	农村生活	小计				城镇生活	农村生活	小计				城镇生活	农村生活	小计			
和田河流域	和田地区	墨玉县	387	1880	2267	96	109384	111747	1660	1988	3648	261	91217	95126	3093	2309	5402	752	76620	82774
		和田市	1052	721	1773	1039	41648	44460	2036	604	2640	2823	34731	40194	3188	487	3675	8115	29173	40963
	小计		2213	5337	7551	1674	335661	344885	6440	5448	11887	4547	279912	296346	11252	6062	17314	13073	235121	265508
开都—孔雀河流域	巴州地区	和静县	664	440	1103	1043	45430	47576	1141	441	1581	3287	32094	36963	1557	539	2096	6222	30273	38591
		焉耆县	501	374	876	323	45463	46662	880	383	1262	1019	32118	34400	1207	474	1682	1929	30295	33906
		博湖县	150	164	315	65	28557	28937	286	176	462	206	20174	20842	400	224	624	390	19029	20044
		和硕县	250	176	426	79	57176	57681	434	178	613	248	40393	41253	595	219	814	468	38100	39383
		尉犁县	350	172	522	31	53744	54296	576	162	738	97	37968	38803	777	190	967	183	35813	36963
		库尔勒市	2805	822	3627	15260	131952	150839	4378	645	5022	48102	93219	146343	5822	641	6463	91043	87929	185435
	小计		4720	2148	6868	16801	362322	385991	7694	1984	9678	52959	255966	318604	10358	2288	12645	100237	241440	354322
塔里木河干流	阿克苏地区	沙雅县	85	161	247	103	51423	51773	145	204	350	278	41064	41691	196	292	489	659	38166	39313
		库车县	375	356	732	1502	56207	58441	575	442	1017	4052	44884	49953	757	626	1383	9594	41717	52694
	巴州地区	轮台县	116	173	289	305	20657	21252	185	218	403	963	14594	15960	248	311	560	1822	13765	16147
		尉犁县	87	43	130	8	13436	13574	123	51	174	24	9492	9690	159	72	231	46	8953	9230
	小计		665	733	1398	1918	141724	145039	1028	915	1944	5317	110033	117294	1361	1301	2662	12121	102601	117384
合计			16261	18631	34892	27920	2261536	2324348	33466	18924	52389	82948	1721800	1857138	50024	23003	73027	175260	1567761	1816047

5.1.3 生态环境系统预测分析

根据《塔里木河流域综合规划》中的《生态保护规划》确定流域生态保护目标需水量，切实保障四源流向塔里木河干流的输水以及三源流下游重点天然林草的生态用水。

2020年、2030年，50%来水情况下，和田河两河渠首控制断面下泄塔里木河生态水量为18.54亿m^3，下游生态水量达到9.25亿m^3，肖塔断面向塔里木河输水达到9.29亿m^3；叶尔羌河艾里克塔木综合断面下泄塔里木河生态水量为8.25亿m^3，下游生态水量达到4.95亿m^3，黑尼亚孜断面向塔里木河输水达到3.3亿m^3；阿克苏河塔里木拦河闸和巴吾托拉克闸后下泄塔里木河生态水量达到34.20亿m^3；干流阿拉尔断面来水量达到46.5亿m^3，英巴扎断面全年不断流，干流下游大西海子水库断面下泄水量为3.5亿m^3，水流到达台特玛湖；75%来水情况下，和田河两河渠首控制断面下泄塔里木河生态水量为15.26亿m^3，下游生态水量达到8.87亿m^3，肖塔断面向塔里木河输水达到6.39亿m^3；叶尔羌河艾里克塔木综合断面下泄生态水量为2.63亿m^3，全部用于叶尔羌河下游生态，黑尼亚孜断面无水下泄；阿克苏河塔里木拦河闸和巴吾托拉克闸后下泄塔里木河生态水量达到26.41亿m^3；阿拉尔断面来水量达到32.80亿m^3情况下，大西海子断面下泄水量达到1.5亿m^3。为改善开都—孔雀河在66km分水闸以下天然生态用水条件，开都—孔雀河在66km分水闸节点处向塔里木河干流下游供水4.5亿m^3，不随来水变化，其中生态供水为2.0亿m^3（表5.11）。

表5.11 塔里木河流域生态环境需水量

流域		和田河		叶尔羌河		阿克苏河	开都—孔雀河	塔里木河干流	
断面		两河渠首	肖塔	艾里克塔木	黑尼亚孜	拦河闸	66km分水闸	阿拉尔	大西海子
要求下泄水量/亿m^3	$P=50\%$	18.54	9.29	8.25	3.3	34.20	4.5	46.5	3.5
	$P=75\%$	15.26	6.39	2.63	0	26.41	4.5	32.80	1.5

为保证塔里木河三源流供水水量、供水时段及生态供水过程满足各源流下游天然林草植被正常生长、繁衍的需要，生态供水时段应集中在天然林草植被生长的6—10月。

5.2　系统概化与模型参数设置

5.2.1　系统概化与网络图设置

水资源配置系统网络图是指导水资源配置模型编制，确定各水源、用水户、水利工程相互关系，以及建立系统供、用、耗、排关系的基本依据。系统网络图绘制要求：一是要充分反映流域水资源系统主要特点（如水资源系统的供用耗排特点）及各种关系（如各级水系关系、各计算单元的地理关系、水利工程与计算单元的水力联系、水流拓扑关系等）；二是要恰如其分地满足水资源配置模型的需要，通过系统图的绘制正确体现模型系统运行所涉及的各项因素（如各种水源、各类工程、各类用水户以及各类水资源传输系统等）。

根据塔里木河流域水资源系统特点和现状、规划的水利工程情况以及水资源配置的要求等，将流域水资源系统中各类物理元素（重要水利工程、计算单元、河渠道交汇点等）作为节点，各类水利工程为供水节点，各分区计算单元为需水节点，河流、隧洞、渠道及长距离输水管线的交汇点或分水点为输水节点，各节点间通过水资源供、用、耗、排传播系统的各类线段连接，形成流域水资源配置系统网络图（或称节点图、系统图）。

根据以上系统概化原理，塔里木河流域范围包括巴州、阿克苏地区、克州、喀什地区、和田地区。涉及西北内陆河、国际河流国内部分等，水资源分区共划分为1个一级区、4个二级区、5个三级区，水资源三级区套县市级行政分区最终确定42个计算单元，确定主要水文控制站点、概化引水节点、排水节点、流域水资源分区断面等45个节点，已建和规划水库34座，概化地表水供水渠道66条，河段140条，排水渠道42条，详见图5.9。

5.2.2　模型参数率定及校核

由于模型系统参数众多，涉及面比较广，下面仅给出关键参数率定和校核结果。通过基准年供需平衡分析、耗水平衡分析对关键控制断面（阿克苏河流域的拦河闸断面、叶尔羌河流域的黑尼亚孜断面、

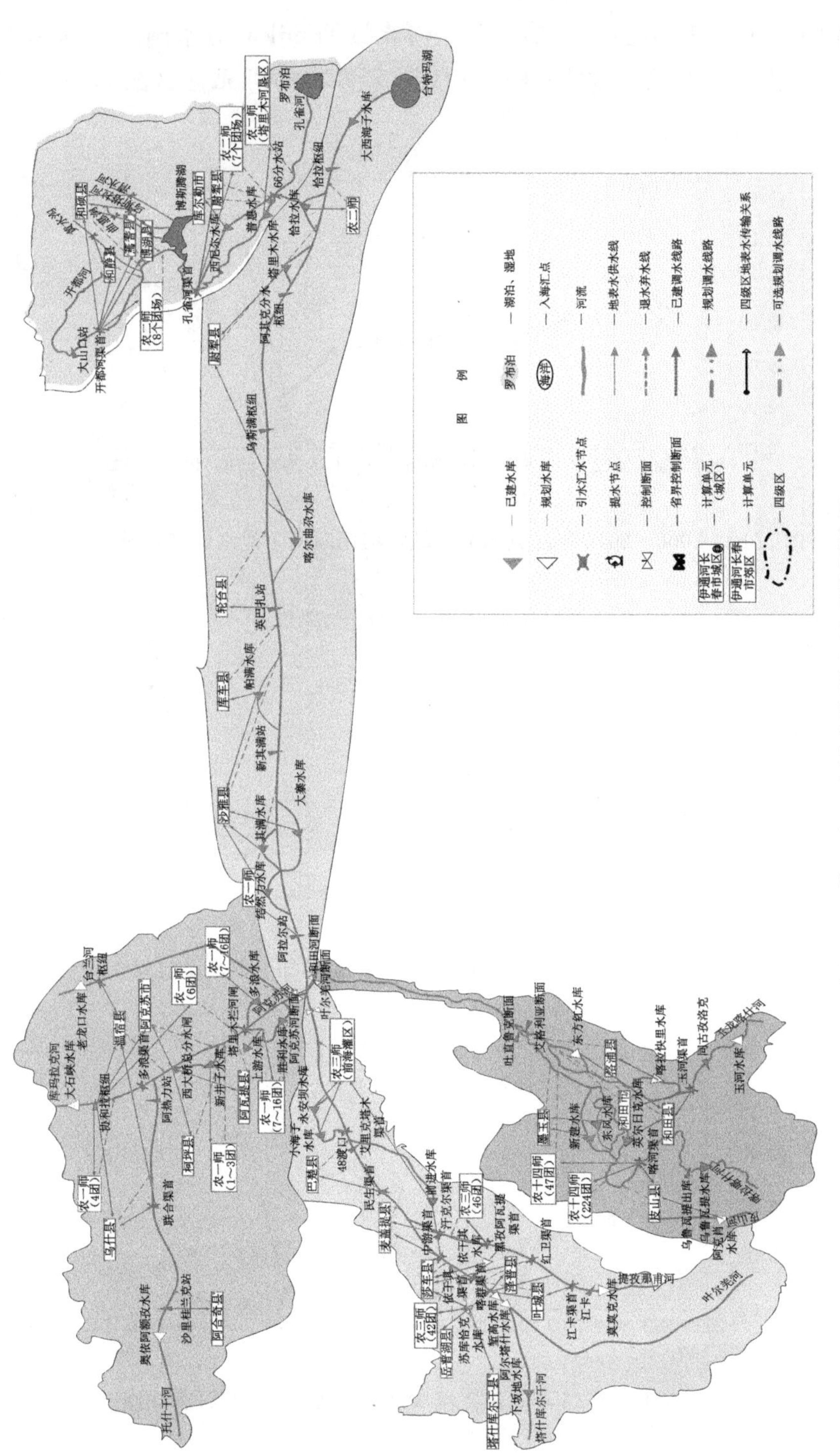

图 5.9 塔里木河流域水资源配置系统网络图

和田河流域的肖塔断面和开都—孔雀河流域的66km分水闸）下泄水量过程进行模拟，与实测数据进行校核拟定参数的可靠性（图5.10～图5.13）。

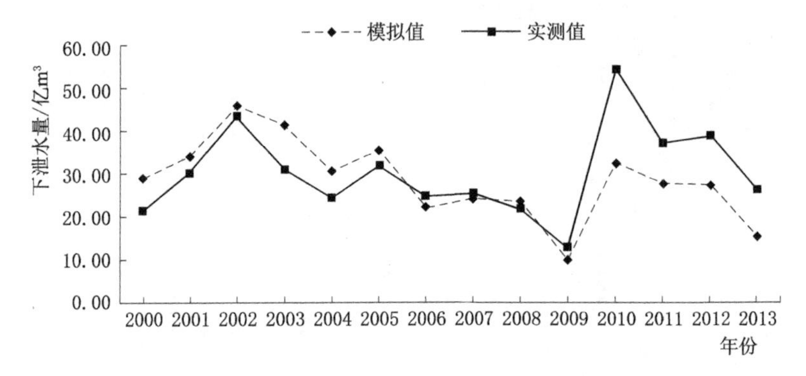

图5.10　2000—2013年阿克苏河流域拦河闸断面下泄水量过程线图

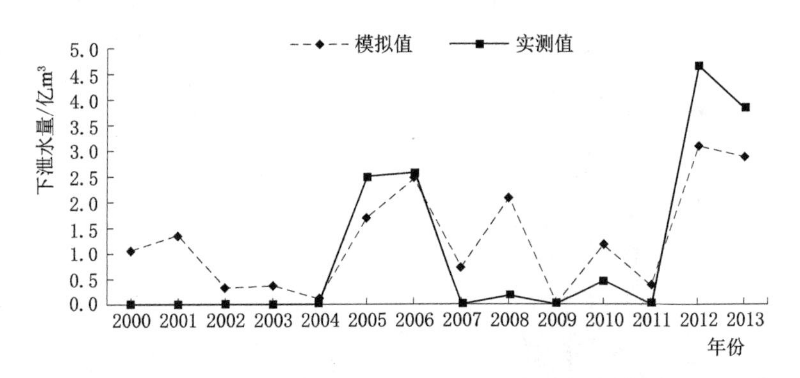

图5.11　2000—2013年叶尔羌河流域黑尼亚孜断面下泄水量过程线图

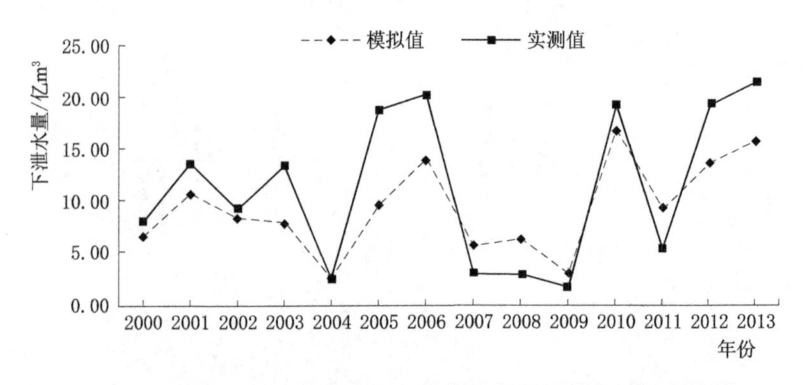

图5.12　2000—2013年和田河流域肖塔段面下泄水量过程线图

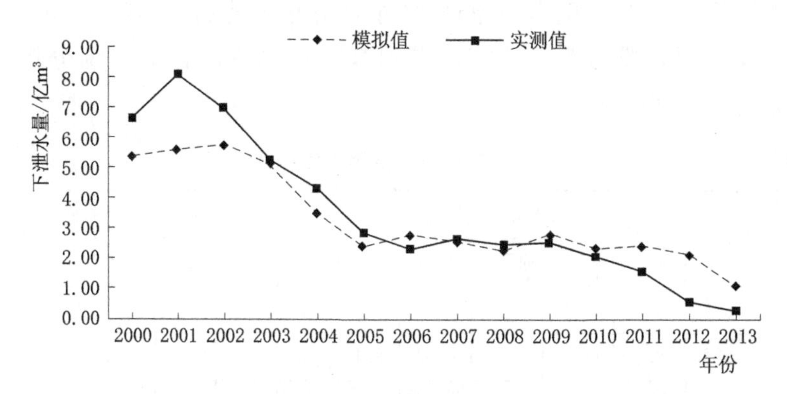

图 5.13 2000—2013 年开都—孔雀河流域 66km 分水闸断面下泄水量过程线图

模型模拟效果采用模拟值与控制断面实测值的 *Nash* 效率系数进行评价。结果显示各断面下泄水量模拟的 *Nash* 系数均在 0.62 以上，整体模拟 *Nash* 系数平均值为 0.67，从水资源配置模拟的角度出发这个精度的验证结果是比较理想的（表 5.12）。

表 5.12　关键控制断面下泄水量校验结果

阿克苏河流域			叶尔羌河流域			和田河流域			开都—孔雀河流域		
实测/亿 m³	模拟/亿 m³	*Nash*	实测/亿 m³	模拟/亿 m³	*Nash*	实测/亿 m³	模拟/亿 m³	*Nash*	实测/亿 m³	模拟/亿 m³	*Nash*
30.47	28.69	0.62	1.31	1.27	0.67	11.24	9.23	0.64	3.52	3.33	0.81

5.3 基准年水资源配置结果

5.3.1 供需平衡分析

基准年水资源供需平衡分析的目的，主要是确定水资源优化配置模型的各类参数和回答在地下水不超采情景下的缺水形势及其分布，为节水、治污、挖潜和修建跨流域调水工程提供决策依据。

基准年塔里木河流域供需平衡分析是在现状经济社会发展水平、用水水平和节水水平等情况下，在扣除地下水超采和挤占生态环境用水的条件下，以现状年水资源开发利用情况为基准，利用所构建的水资源配置模型，对塔里木河流域42个计算单元进行58年（1956—2013年）长系列逐月模拟调节计算，得到基准年水资源供需平衡分析结果。具体分析结果见表5.13。

表5.13　　　基准年水资源供需平衡结果

流域分区	保证率	需水量/亿 m^3	按水源供给量/亿 m^3				按用户用水量/亿 m^3				缺水量/亿 m^3	缺水率/%
			地表水	地下水	再生水	小计	生活	工业	农业	小计		
阿克苏河流域	$P=50\%$	66.21	48.43	4.04	0.00	52.48	0.78	0.55	51.14	52.48	13.73	20.7
	$P=75\%$	66.21	44.03	4.41	0.00	48.43	0.78	0.55	47.10	48.43	17.77	26.8
	$P=95\%$	66.21	38.65	4.85	0.00	43.49	0.78	0.55	42.16	43.49	22.72	34.3
	多年平均	66.21	48.92	4.00	0.00	52.93	0.78	0.55	51.59	52.93	13.28	20.1
叶尔羌河流域	$P=50\%$	78.64	54.39	10.18	0.00	64.57	1.12	0.20	63.24	64.57	14.07	17.9
	$P=75\%$	78.64	48.71	11.22	0.00	59.94	1.12	0.20	58.61	59.94	18.70	23.8
	$P=95\%$	78.64	41.27	12.59	0.00	53.86	1.12	0.20	52.53	53.86	24.78	31.5
	多年平均	78.64	54.86	10.09	0.00	64.95	1.12	0.20	63.62	64.95	13.69	17.4
和田河流域	$P=50\%$	34.49	22.82	1.59	0.00	24.41	0.76	0.17	23.49	24.41	10.08	29.2
	$P=75\%$	34.49	20.08	1.77	0.00	21.85	0.76	0.17	20.93	21.85	12.64	36.6
	$P=95\%$	34.49	16.76	2.00	0.00	18.75	0.76	0.17	17.83	18.75	15.74	45.6
	多年平均	34.49	23.24	1.56	0.00	24.80	0.76	0.17	23.88	24.80	9.69	28.1
开都—孔雀河流域	$P=50\%$	38.60	22.42	9.01	0.00	31.43	0.69	1.68	29.06	31.43	7.17	18.6
	$P=75\%$	38.60	19.96	9.92	0.00	29.88	0.69	1.68	27.51	29.88	8.72	22.6
	$P=95\%$	38.60	17.75	10.74	0.00	28.49	0.69	1.68	26.12	28.49	10.11	26.2
	多年平均	38.60	23.40	8.65	0.00	32.05	0.69	1.68	29.68	32.05	6.55	17.0
塔里木河干流	$P=50\%$	14.50	11.77	0.36	0.00	12.13	0.14	0.19	11.80	12.13	2.37	16.4
	$P=75\%$	14.50	10.70	0.39	0.00	11.09	0.14	0.19	10.76	11.09	3.41	23.5
	$P=95\%$	14.50	9.39	0.43	0.00	9.82	0.14	0.19	9.49	9.82	4.68	32.3
	多年平均	14.50	11.89	0.35	0.00	12.25	0.14	0.19	11.91	12.25	2.26	15.6
合计	$P=50\%$	232.43	159.83	25.18	0.00	185.01	3.49	2.79	178.73	185.01	47.42	20.4
	$P=75\%$	232.43	143.48	27.71	0.00	171.19	3.49	2.79	164.91	171.19	61.25	26.3
	$P=95\%$	232.43	123.82	30.60	0.00	154.41	3.49	2.79	148.13	154.41	78.02	33.6
	多年平均	232.43	162.31	24.66	0.00	186.97	3.49	2.79	180.68	186.97	45.47	19.6

由表5.13可知，基准年塔里木河流域多年平均缺水量为45.47亿m^3，缺水率为19.6%；超采区主要集中在开都—孔雀河流域，缺水率达到17%，超采现象较为严重；塔里木河流域多年平均需水量为232.43亿m^3，多年平均供水量为186.97亿m^3。其中地表水供水量为162.31亿m^3，地下水供水量为24.66亿m^3；用水量为186.97亿m^3。其中生活用水量为3.49亿m^3，工业用水量为2.79亿m^3，农业用水量为180.68亿m^3。在偏枯水平年和特枯水平年由于来水量偏少，在加大地下水开采量的同时缺水现象仍非常严重，说明基准年塔里木河流域河道外经济社会用水挤占河道内生态环境用水现象严重。

从供水方面来看，基准年塔里木河流域的水源供给主要以常规水源为主，没有与再生水协同利用；从各行业用水来看，农业用水所占比重较大，生活、工业用水比重较小。从经济效益来看，农业增加值在三产结构中所占比重最小，呈现出了高消耗低产出的不协调用水结构。因此，未来塔里木河流域应调整产业结构和再生水利用率，加大再生水对农田灌溉和工业的供水量，用水结构不协调的局面将会得到有力改善。

最后，随着全球经济发展和“一带一路”倡议的推进，塔里木河流域作为战略要道，其城镇化、工业化和农业现代化势必将会得到更快的发展，水资源短缺问题将会逐渐变得日益突出和严峻，科学地指导适时修建一些山区蓄水、调水工程、污水处理及再生水回用工程，进行多水源协同供水配置、多行业协同需水配置和水资源子系统与各行业间的协同供需配置，是十分必要和紧迫的。

5.3.2 耗水平衡分析

耗水平衡分析主要分为三个层次，首先是流域层次的耗水总量平衡调控，其次为流域层次的经济-生态用水比例调控，最后为行政分区的国民经济耗水调控。

5.3.2.1 流域间耗水总量平衡分析

塔里木河流域耗水总量平衡调控主要是针对源流区至干流区的耗水总量平衡问题，以源流区总来水量（包括降水量和从流域外流入本流域的水量）、蒸腾蒸发量（即净耗水量）、排水量（即排出流域之外的水量）之间的平衡关系为出发点，分析在水资源二元演化模式下，不影响和破坏流域生态系统，不导致生态环境恶化情况下流域允许的总耗水量（包括国民经济耗水量与生态用水量）。

按照新疆人民政府批准实施的《塔河流域“四源一干”地表水水量分配方案》，在多年平均来水情况下，阿拉尔断面来水量要求达到46.79亿m^3（阿克苏河34.20亿m^3、和田河9.29亿m^3、叶尔羌河3.30亿m^3），则在多年平均条件下，阿克苏河流域总耗水量（包括国民经济耗水量与生态用水量）应低于67.7亿m^3，叶尔羌河流域总耗水量应低于75.2亿m^3，和田河流域总耗水量应低于45.4亿m^3，开都—孔雀河流域总耗水量应低于39.5亿m^3。而基准年塔里木河流域、阿克苏河流域、叶尔羌河流域、和田河流域和开都—孔雀河流域耗水总量分别超标11.35亿m^3、2.28亿m^3、0.76亿m^3、1.88亿m^3。因此，基准年塔里木河流域间耗水总量存在极其不平衡现象，源流区阿克苏河流域、叶尔羌河流域、和田河流域和开都—孔雀河流域下泄至塔河干流区域水量分别只实现了67%、32%、91%和59%。具体塔里木河流域耗水总量平衡结果见表5.14。

表5.14　　基准年耗水总量平衡结果　　单位：亿m^3

流域分区	水资源量			国民经济耗水	生态耗水
	自产水资源量	入境水资源量	入干流水量		
阿克苏河流域	46.81	55.10	22.86	42.91	36.14
叶尔羌河流域	75.44	3.10	1.06	56.56	20.92
和田河流域	54.65	0.00	8.49	23.78	22.38
开都—孔雀河流域	44.04	0.00	2.66	25.12	16.26
干流	0.35	0.00	—	9.50	25.92
合计	221.29	58.20	35.07	157.87	121.62

5.3.2.2　流域内耗水总量平衡分析

塔里木河流域经济生态用水比例调控，以流域内径流性产水量、耗水量和排水量之间的平衡关系为出发点，分析在社会水循环条件下径流性水资源对国民经济耗水的贡献，界定允许径流性耗水量、国民经济用水和生态用水大致比例。

塔里木河流域生态环境用水所占水资源量的比例、经济社会耗水量所占水资源量的比例以及两者之间的比例关系，可以表征塔里木河流域水资源的开发利用程度、生态环境的优劣，反映了塔里木河流域水资源可持续利用的程度。从塔里木河流域用水特点来看，生态环境用水由流动的水和耗水组成。水资源自然和社会循环演化二元模式表明，代表社会水循环的国民经济耗水量越大，河流天然水循环系统的水量越小，水循环系统的补给排泄状态会发生很大的变化，对生态环境系统造成的伤害越大，甚至损毁生态环境系统。健康的生态系统自适应能力较强，在一定的生态用水比例范围内，不会发生退化，丰水年可自我修复，一旦生态用水比例低于阈值，生态系统将呈现呈刚性、不可恢复的破坏。根据中国工程院提出的内陆干旱区适宜经济生态用水比例，塔里木河流域适宜的经济耗水比例在50%以下，生态用水比例在50%以上。

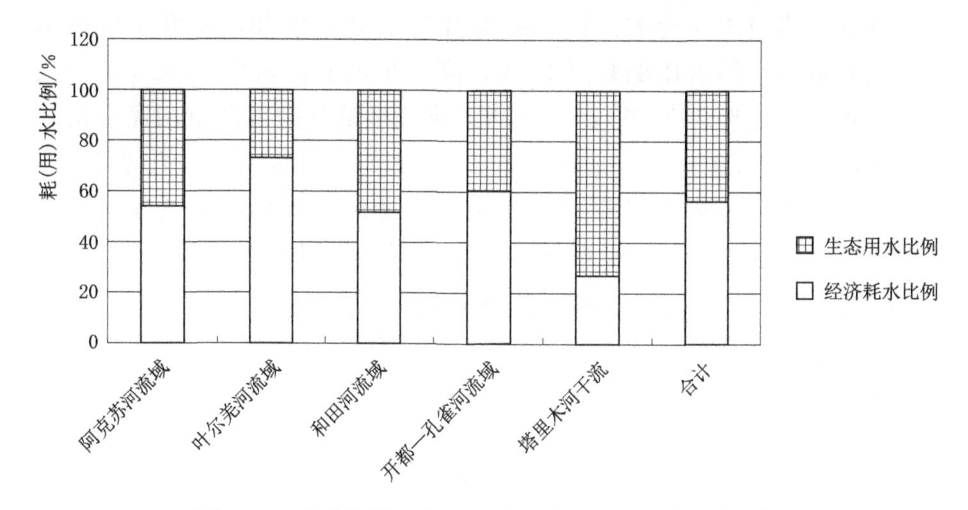

图 5.14 基准年塔里木河流域经济耗水与生态用水比例

从图 5.14 可以看出，基准年塔里木河流域总体国民经济耗水比例为 56%，生态用水比例仅占 44%；其中叶尔羌河流域和开都—孔雀河流域经济生态用水比例失衡较为严重，国民经济耗水比例分别占 73%和 61%，对水资源可持续利用极为不利。虽然塔里木河干流生态用水比例较为合理在 70%左右，但是塔里木河干流主要依靠源流区的下泄水量，对外部水资源的依赖程度较高。基准年塔里木河流域水资源总体上处于过度开发利用状态，水资源开发利用程度为 170%，源流区水资源量过度开发的现象不仅对塔里木河干流区产生影响，对源流区自身的尾闾湖泊等生态环境也产生了深刻影响。针对塔里木河流域当前水资源开发现状，未来规划水平年水资源开发利用应注重适度的生态用水需求，改变塔里木河流域的经济与生态用水格局，保持流域水资源可持续利用。

5.3.2.3　流域内国民经济耗水平衡分析

国民经济耗水主要指进入经济社会循环的水量，在水源、输水、用水、排水等环节中形成了耗水，其总耗水量不大于水资源可利用量。国民经济综合耗水率反映区域或地区经济社会的综合耗水水平，通过分析各用水部门的耗水率可以掌握不同区域内部的耗水结构特点，识别主要耗水部门和耗水方向，在未来经济社会发展过程中进行产业结构调整、减少消耗量、提高用水效率，控制经济社会耗水量在适度的范围之内，提供可靠的技术依据。

基准年塔里木河流域国民经济综合耗水率为 0.68，基准年塔里木河流域农业耗水所占比例超过 95%，高于全国平均水平（2015 年全国农业耗水所占比例为 75%），生活和工业耗水量分别占全市国民经济耗水总量的 1.5%、0.8%。基准年农业作为当地用水大户，耗水量大，产出效率较低，未来水平年应适当调整产业结构布局，调整农业灌溉方式，降低农业用水量，同时加大污水处理及回用率（表 5.15）。

表 5.15　　基准年塔里木河流域国民经济耗水结果

流域分区	耗水率				耗水比例		
	生活	工业	农业	综合	生活	工业	农业
阿克苏河流域	0.59	0.5	0.65	0.64	1.1%	0.6%	98.3%
叶尔羌河流域	0.71	0.5	0.72	0.71	1.4%	0.2%	98.4%
和田河流域	0.72	0.46	0.69	0.67	2.3%	0.3%	97.4%
开都—孔雀河流域	0.64	0.45	0.76	0.71	1.7%	3.0%	95.2%
塔里木河干流	0.42	0.46	0.66	0.64	0.6%	0.9%	98.5%
合　计	0.66	0.46	0.70	0.68	1.5%	0.8%	97.7%

5.3.3　问题诊断及策略

5.3.3.1　问题诊断

通过基准年水资源供需平衡分析、耗水平衡分析、生态用水比例分析和典型断面下泄水量分析等，塔里木河流域水资源开发利用存在以下主要问题：

(1) 存在挤占生态用水问题，局部地区生态用水比例偏小。根据水资源分区生态用水比例分析，局部地区国民经济耗水比例偏大，影响水资源可持续利用。

(2) 工程型缺水和资源型缺水并存，缺水量较大。

(3) 局部地区地下水超采严重。

(4) 现状用水效率偏低、水资源浪费现象严重。

总之，塔里木河流域局部地区水资源短缺、用水效率低、水生态脆弱等多重问题并存，对地区供水安全构成了一定的威胁。因此，从流域水资源可持续利用和优化配置出发，以经济社会可持续发展和生态平衡、健康稳定为核心，拟定合理有效的需水方案、高效节水方案、退水退地方案、工程建设方案等，从根本上解决当前存在的水资源开发利用问题。

5.3.3.2 策略

针对塔里木河流域当前水资源开发利用存在的主要问题，必须加强水资源综合调控，在水资源可持续利用的前提下，优化配置有限的水资源，形成健康良好的河流生态系统。水资源开发利用应注重以下几个方面：

(1) 提高用水效率，抑制不合理需求，经济规模与用水规模要符合本流域水资源可持续利用要求。

(2) 进行产业结构升级改造，调整种植结构，逐步退出高耗能高耗水产业，退减无序开荒挤占的生态用水。

(3) 新建污水处理厂和中水回用工程，增加中水回用量在供水结构中的比例。

(4) 新建必要的山区型蓄水工程，提高供水保证率，减少工程型缺水。

(5) 加大外流域调水的力度，缓解资源型缺水，逐步退还占用的生态水量和地下水量。

5.4 规划水平年水资源配置结果

5.4.1 方案设定

5.4.1.1 总体思路

对于塔里木河流域而言，水资源子系统-经济社会子系统-生态环境子系统之间的协同发展是指在保障水资源子系统正常循环及生态系统良性发展的用水前提下，高效开展经济建设，以社会的文明进步带动水资源的节约与保护，并退还给其他子系统更多地优质水量，而水循环、生态环境的改善又可以更好地支撑经济社会发展，从而使得整个复合系统进入良性循环。考虑到水资源优化配置系统存在极大的不确定性，主要表现在经济社会的不确定性、用水的不确定性以及水文气象条件的不确定性，这些不确定性大大增加了水资源优化配置的难度。因此，基于二元水循环理论，通过对水文过程、需水过程、工程和非工程措施设置不同方案进行优化模拟以降低不确定因素对流域水资源优化配置模拟计算结果的影响。配置方案集拟定涉及经济社会发展、产业结构调整、国民经济需水、生态需水、节水、供水、退地减水、工程组合等内容。

5.4.1.2 方案设定

1. 来水方案

随着近十年持续的增温趋势，气候变化对塔里木河流域水资源影响已显现，气候变暖引起降水量重新分配，加速了塔里木河流域山区冰川和积雪的消融，导致2001—2013年源流区地表水径流量比1956—2000年偏丰12.5%，结合预测结果显示2001—2030年源流区地表水径流量比1956—2000年偏丰7.8%，气候变化加剧了塔里木河流域水循环过程的复杂性和水资源的不安全性，因此采用偏理想（2001—2030年）和偏保守（1956—2000年）两时段逐月径流资料进行模拟计算。情景1为2001—2030年长系列逐月径流模拟，情景2为1956—2000年长系列逐月径流模拟。

2. 需水方案

需水方案有三种，分别为方案Ⅰ（高增长与强化节水）、方案Ⅱ（适度增长与强化节水）、方案Ⅲ（高增长与适度节水）。

3. 水利工程方案

蓄水工程主要是通过水库的调蓄作用增加地表水供水量，提高供水保证率。根据南疆地区水资源利用和水利工程建设规划，塔里木河流域未来规划在建及新建的重大水利工程如下，详细的水利工程方案集见表5.16。

表 5.16　　塔里木河流域水利工程方案集

分类	分　区	工程名称	2020 年	2030 年
水利工程	阿克苏河流域	大石峡水库	√	√
		奥依阿额孜水库	√	√
		老龙口水库	√	√
	叶尔羌河流域	阿尔塔什水库	√	√
		莫莫克水库	√	√
		蜇高水库	√	√
	和田河流域	玉龙喀什河水库	√	√
		阿克肖水库	√	√
产业结构调整			√	√
节水工程			√	√
退地退水			√	√
污水处理回用			√	√

（1）大石峡水库枢纽工程。该工程位于库玛拉克河峡谷河段，水库为库玛拉克的龙头水库，主要任务为灌溉、生态用水及发电，电站承担电力系统的调峰、调频，兼顾防洪。水库坝址选在峡谷出口河段。坝址以上流域面积为12681km，控制径流量46.3亿m^3，多年平均流量为146.2m^3/s，断面多年平均输沙量为1961万t。水库总库容为12.7亿m^3，正常高水位为1705m，死水位为1639m，坝高251m，坝长687m，防洪最大下泄流量为744m^3/s，电站装机容量为60万kW，保证出力为10.8万kW·h，年发电量为120.1亿kW·h。工程投资估算68.1亿元。

（2）奥依阿额孜水库枢纽工程。该工程位于阿克苏河支流托什干河中游河段，行政区划处于克孜勒苏柯尔克孜自治州阿合奇县境内，距离托什干河河口约235km，坝址以上流域面积为13453km^2；主要任务为在保证阿克苏河向塔里木河干流下泄34.2亿m^3水量的前提下，承担防洪、灌溉、发电等任务。坝址位于新疆克孜勒苏柯尔克孜自治州阿合奇县境内，坝址断面多年平均年径流量为18.60亿m^3，多年平均流量为58.94m^3/s。水库正常蓄水位为2470m，相应库容为8.4亿m^3，死水位为2433m，死库容为1.9亿m^3，调节库容为6.5亿m^3，电站装机容量为180MW，年发电量为4.85亿kW·h。

(3) 老龙口水库枢纽工程。该工程位于温宿县境内的台兰河山区段出口处，枢纽距温宿县城43km，距阿克苏市55km。台兰河干流尚无调蓄工程，而现有的防洪工程又满足不了流域对防洪的要求，为解决流域现存的严重的春秋旱、流域洪水灾害问题，同时也为解决当地用电矛盾，就必须兴建老龙口水利枢纽。该工程是以灌溉为主，可兼顾防洪、发电、生态的具有综合利用效益的水利枢纽工程。老龙口水库总库容为1.1亿m^3，兴利库容为0.6亿m^3，调节库容为0.3亿m^3，防洪库容为0.1亿m^3，正常蓄水位为1525m，死水位为1512m，校核洪水位为1528m，坝顶高程为1530m，最大坝高45m，坝长2435m，电站的装机容量为1.2万kW。工程投资估算12亿元。

(4) 玉龙喀什河水库枢纽。该工程位于和田县喀什塔什乡境内，距和田市（沿玉龙喀什河布雅公路）约95km处。此工程具有灌溉、防洪、发电、生态供水及旅游等多种功能。水库库容为5.2亿m^3，最大坝高229.5m，水库正常蓄水位为2170m，电站总装机容量为41.1万kW，多年平均发电量为11.3亿kW·h。工程建成后可控制灌溉面积105.5万亩，并为灌区内各县工业和生活用水以及农村人畜饮水提供水源保障，还使下游一般防护对象的防洪标准提高到20年一遇，重点防护对象防护标准提高到50年一遇。工程投资估算45.8亿元。

(5) 阿尔塔什水库枢纽工程。该工程位于克州阿克陶县的库斯拉甫乡与喀什地区莎车县的霍什拉甫乡交界处，是叶尔羌河干流山区下游河段的控制性水利工程，主要任务是生态供水、发电，兼顾调峰和调频任务，同时与下游平原水库联合运用，以达到充分利用开发叶尔羌河水资源的目的，承担叶尔羌河下游的防洪任务。阿尔塔什水库总库容为22.4亿m^3，电站装机容量为66万kW，年平均发电量为23.6亿kW·h。工程投资估算78.7亿元。

(6) 莫莫克水库枢纽工程。该工程位于提孜那甫河山区中游河段上，地处叶城县柯克亚乡境内，工程区北距叶城县110km左右，东距柯克亚乡政府30km左右，江卡渠首（提河出山口后第一级渠首）50km。莫莫克水利枢纽工程是提孜那甫河上的控制性水利枢纽工程，起着龙头水库的重要作用，主要承担防洪、灌溉和发电的工程任务。

水库总库容为1.2亿m^3，正常蓄水位为1898m，死水位为1875m，电站总装机容量为1.6万kW，多年平均年发电量为0.6亿kW·h，最大坝高76.9m。工程投资估算8.6亿元。

（7）堑高水库枢纽工程。该工程位于新疆西南部的叶尔羌河上，坝址位置在该河干流出山口段，阿尔塔什水库坝址下游约20km处，位于喀什地区莎车县霍什拉甫乡，是叶尔羌河干流段的大型水利枢纽工程之一，该水库的主要作用是对阿尔塔什水库进行反调节，并兼有灌溉、防洪、发电、生态等综合功能。水库总库容为1.2亿m^3，正常蓄水位为1660m，坝高95m，总装机容量为8.2万kW，平均年发电量为4.4亿kW·h。工程投资估算28.5亿元。

（8）阿克肖水库枢纽工程。该工程位于皮山河支流阿克肖河和肯艾孜河汇合口上游3km处，距下游克里阳引水枢纽（灌区总引水枢纽）5km，距县城70km，坝址断面控制径流量2.0亿m^3，占皮山河多年径流量的57.6%，是皮山河流域规划近期推荐的具有灌溉、防洪和二期发电等综合效益的山区控制性工程。水库总库容为0.4亿m^3。工程建成后，可以改善皮山河流域41.6万亩的农田灌溉条件，扩大灌溉面积11.4万亩，将下游的河道防洪标准由3年一遇提高到20年一遇。工程投资估算6.7亿元。

5.4.1.3 配置方案集

通过来水方案与需水方案组合得到四种配置方案，具体组合情况，见表5.17，方案一至方案六详见5.4.2.1节。

表5.17　　配置方案集

需水方案	方案Ⅰ	方案Ⅱ	方案Ⅲ
1956—2000年	方案一	方案二	方案三
2001—2030年	方案四	方案五	方案六

5.4.2 不同方案配置结果分析

5.4.2.1 水资源供需平衡分析

塔里木河流域资源丰富，其中以石油天然气为核心的能源资源十分丰富，未来工业用水将会进入高速增长期，而工业用水的保证率要求很高。因此，适时修建控制性山区枢纽工程，增加水利工程调蓄能力，加大“退地、减水、增效”力度，并充分利用再生水，在保证生活、农业和生态用水需求的基础上，尽量满足工业新增用水需求，坚持“优先满足生活用水、适度压减农业用水、基本保持生态用水和科学增加工业新增用水规模”的水资源总体配置思路，以保障塔里木河流域顺利实现由“传统水土资源开发一元模式”向“水土资源开发与水能资源开发并重的二元模式”转变，实现以水资源的可持续利用支撑全流域经济社会的可持续跨越式发展。

根据未来不同水平年方案设定情况，利用所构建的水资源配置模型及开发的系统软件通过长系列逐月调节计算，分析塔里木河流域地下水不超采情景下不同方案不同水平年水资源供需平衡结果；其具体结果见表5.18。

表5.18　　规划水平年配置方案集水资源供需平衡结果

水平年		保证率	需水量/亿 m^3	按水源供给量/亿 m^3				按用户用水量/亿 m^3				缺水量/亿 m^3	缺水率/%
				地表水	地下水	再生水	小计	生活	工业	农业	小计		
2020年	方案一	$P=50\%$	177.47	154.17	17.88	2.10	174.14	5.09	7.17	161.88	174.14	3.33	1.88
		$P=75\%$	177.47	147.94	19.47	2.16	169.56	5.09	7.17	157.30	169.56	7.91	4.46
		$P=95\%$	177.47	143.26	21.24	2.19	166.70	5.09	7.17	154.44	166.70	10.77	6.07
		多年平均	177.47	155.72	17.70	2.00	175.42	5.09	7.17	163.16	175.42	2.05	1.16
	方案二	$P=50\%$	180.21	154.71	19.39	1.55	175.65	4.78	5.31	165.55	175.65	4.55	2.53
		$P=75\%$	180.21	145.33	21.12	1.60	168.05	4.78	5.31	157.95	168.05	12.16	6.75
		$P=95\%$	180.21	140.64	23.04	1.63	165.31	4.78	5.31	155.21	165.31	14.90	8.27
		多年平均	180.21	156.27	19.20	1.48	176.95	4.78	5.31	166.85	176.95	3.26	1.81
	方案三	$P=50\%$	185.71	155.54	21.82	2.42	179.78	5.24	8.29	166.25	179.78	5.93	3.19
		$P=75\%$	185.71	144.55	23.76	2.49	170.80	5.24	8.29	157.27	170.80	14.91	8.03
		$P=95\%$	185.71	139.83	25.92	2.54	168.29	5.24	8.29	154.76	168.29	17.42	9.38
		多年平均	185.71	157.11	21.60	2.31	181.02	5.24	8.29	167.49	181.02	4.69	2.53
	方案四	$P=50\%$	177.47	156.32	15.96	2.10	174.38	5.09	7.17	162.12	174.38	3.09	1.74
		$P=75\%$	177.47	154.74	17.38	2.16	174.28	5.09	7.17	162.02	174.28	3.19	1.80
		$P=95\%$	177.47	150.01	18.96	2.19	171.16	5.09	7.17	158.91	171.16	6.31	3.55
		多年平均	177.47	157.90	15.80	2.00	175.70	5.09	7.17	163.44	175.70	1.77	1.00

续表

水平年		保证率	需水量/亿 m^3	按水源供给量/亿 m^3				按用户用水量/亿 m^3				缺水量/亿 m^3	缺水率/%
				地表水	地下水	再生水	小计	生活	工业	农业	小计		
2020年	方案五	$P=50\%$	180.21	155.47	19.34	1.55	176.36	4.78	5.31	166.27	176.36	3.84	2.13
		$P=75\%$	180.21	150.76	21.07	1.60	173.42	4.78	5.31	163.32	173.42	6.79	3.77
		$P=95\%$	180.21	146.05	22.98	1.63	170.65	4.78	5.31	160.56	170.65	9.55	5.30
		多年平均	180.21	157.04	19.15	1.48	177.67	4.78	5.31	167.57	177.67	2.54	1.41
	方案六	$P=50\%$	185.71	156.96	21.58	2.42	180.97	5.24	8.29	167.43	180.97	4.75	2.56
		$P=75\%$	185.71	150.62	23.51	2.49	176.62	5.24	8.29	163.08	176.62	9.10	4.90
		$P=95\%$	185.71	145.86	25.64	2.54	174.05	5.24	8.29	160.51	174.05	11.67	6.28
		多年平均	185.71	158.54	21.37	2.31	182.22	5.24	8.29	168.69	182.22	3.49	1.88
2030年	方案一	$P=50\%$	170.86	148.03	16.33	3.64	168.00	6.87	12.46	148.67	168.00	2.86	1.67
		$P=75\%$	170.86	142.05	17.79	3.75	163.58	6.87	12.46	144.25	163.58	7.28	4.26
		$P=95\%$	170.86	137.56	19.40	3.82	160.78	6.87	12.46	141.45	160.78	10.08	5.90
		多年平均	170.86	149.52	16.17	3.47	169.16	6.87	12.46	149.83	169.16	1.70	0.99
	方案二	$P=50\%$	176.42	153.19	17.90	2.06	173.15	6.19	7.06	159.90	173.15	3.27	1.85
		$P=75\%$	176.42	143.91	19.49	2.12	165.52	6.19	7.06	152.27	165.52	10.90	6.18
		$P=95\%$	176.42	139.26	21.26	2.16	162.69	6.19	7.06	149.44	162.69	13.73	7.78
		多年平均	176.42	154.74	17.72	1.97	174.42	6.19	7.06	161.18	174.42	2.00	1.13
	方案三	$P=50\%$	181.60	153.74	18.91	5.12	177.77	7.30	17.53	152.94	177.77	3.83	2.11
		$P=75\%$	181.60	142.87	20.59	5.27	168.73	7.30	17.53	143.90	168.73	12.87	7.09
		$P=95\%$	181.60	138.21	22.46	5.37	166.04	7.30	17.53	141.21	166.04	15.56	8.57
		多年平均	181.60	155.29	18.72	4.88	178.89	7.30	17.53	154.07	178.89	2.71	1.49
	方案四	$P=50\%$	170.86	151.27	15.02	3.04	169.33	6.87	12.46	150.00	169.33	1.53	0.90
		$P=75\%$	170.86	149.75	16.36	3.12	169.23	6.87	12.46	149.90	169.23	1.63	0.96
		$P=95\%$	170.86	145.16	17.84	3.18	166.19	6.87	12.46	146.86	166.19	4.67	2.74
		多年平均	170.86	152.80	14.87	2.89	170.56	6.87	12.46	151.24	170.56	0.30	0.17
	方案五	$P=50\%$	176.42	155.15	17.51	1.72	174.38	6.19	7.06	161.14	174.38	2.04	1.15
		$P=75\%$	176.42	150.45	19.07	1.77	171.29	6.19	7.06	158.04	171.29	5.13	2.91
		$P=95\%$	176.42	145.75	20.81	1.80	168.36	6.19	7.06	155.11	168.36	8.06	4.57
		多年平均	176.42	156.72	17.34	1.64	175.70	6.19	7.06	162.45	175.70	0.72	0.41

续表

水平年		保证率	需水量/亿 m^3	按水源供给量/亿 m^3				按用户用水量/亿 m^3				缺水量/亿 m^3	缺水率/%
				地表水	地下水	再生水	小计	生活	工业	农业	小计		
2030年	方案六	$P=50\%$	181.60	156.64	17.66	4.27	178.58	7.30	17.53	153.75	178.58	3.03	1.67
		$P=75\%$	181.60	150.31	19.24	4.39	173.94	7.30	17.53	149.12	173.94	7.66	4.22
		$P=95\%$	181.60	145.57	20.99	4.47	171.03	7.30	17.53	146.20	171.03	10.58	5.82
		多年平均	181.60	158.22	17.49	4.07	179.78	7.30	17.53	154.95	179.78	1.82	1.00

(1) 方案一（1956—2000年系列×高速发展强化节水方案）供需平衡结果。从方案一供需平衡结果可知，塔里木河流域2020年多年平均需水总量为177.47亿 m^3，供水总量为175.42亿 m^3，缺水总量为2.05亿 m^3，缺水率1.16%；2030年多年平均需水总量为170.86亿 m^3，供水总量为169.16亿 m^3，缺水总量为1.70亿 m^3，缺水率0.99%。

(2) 方案二（1956—2000年系列×适度发展强化节水方案）供需平衡结果。从方案二供需平衡结果可知，塔里木河流域2020年多年平均需水总量为180.21亿 m^3，供水总量为176.95亿 m^3，缺水总量为3.26亿 m^3，缺水率1.81%；2030年多年平均需水总量为176.42亿 m^3，供水总量为174.42亿 m^3，缺水总量为2.00亿 m^3，缺水率1.13%。

(3) 方案三（1956—2000年系列×高速发展适度节水方案）供需平衡结果。从方案三供需平衡结果可知，塔里木河流域2020年多年平均需水总量为185.71亿 m^3，供水总量为181.02亿 m^3，缺水总量为4.69亿 m^3，缺水率2.53%；2030年多年平均需水总量为181.60亿 m^3，供水总量为178.89亿 m^3，缺水总量为2.71亿 m^3，缺水率1.49%。

(4) 方案四（2001—2030年系列×高速发展强化节水方案）供需平衡结果。从方案四供需平衡结果可知，塔里木河流域2020年多年平均需水总量为177.47亿 m^3，供水总量为175.70亿 m^3，缺水总量为1.77亿 m^3，缺水率1.00%；2030年多年平均需水总量为170.86亿 m^3，供水总量为170.56亿 m^3，缺水总量为0.30亿 m^3，缺水率0.17%。

(5) 方案五（2001—2030年系列×适度发展强化节水方案）供需平衡结果。从方案五供需平衡结果可知，塔里木河流域2020年多年平均需水总量为180.21亿 m^3，供水总量为177.67亿 m^3，缺水总量为2.54亿 m^3，缺水率1.41%；2030年多年平均需水总量为

176.42 亿 m³，供水总量为 175.70 亿 m³，缺水总量为 0.72 亿 m³，缺水率 0.41%。

(6) 方案六（2001—2030 年系列×高速发展适度节水方案）供需平衡结果。从方案六供需平衡结果可知，塔里木河流域 2020 年多年平均需水总量为 185.71 亿 m³，供水总量为 182.22 亿 m³，缺水总量为 3.49 亿 m³，缺水率 1.88%；2030 年多年平均需水总量为 181.60 亿 m³，供水总量为 179.78 亿 m³，缺水总量为 1.81 亿 m³，缺水率 1.00%。

综上所述，在相同需水方案下，来水偏理想（2001—2030 年）系列明显比偏保守（1956—2000 年）系列缺水率小，即方案四缺水率<方案一、方案五缺水率<方案二、方案六缺水率<方案三；在相同来水系列下，需水高方案缺水率明显比需水低方案大，尤其是在偏枯和特枯水平年该现象更为显著，即：方案一缺水率<方案二<方案三、方案四缺水率<方案五<方案六。

5.4.2.2 复合系统有序度分析

采用 3.4 节中配置方案有序度评价计算方法，对规划水平年配置方案集有序度进行计算分析，确定塔里木河流域未来规划水平年的水资源配置优先推荐方案，具体结果见表 5.19 和表 5.20。

表 5.19　2020 年配置方案集水资源复合系统有序度计算结果

子系统	序参量有序度	方案一	方案二	方案三	方案四	方案五	方案六
经济社会系统	供水综合基尼系数有序度	0.45	0.13	0.03	0.58	0.25	0.13
	供水保证率有序度	0.77	0.64	0.49	0.80	0.72	0.62
	子系统有序度	0.61	0.38	0.26	0.69	0.48	0.37
水资源系统	供水量有序度	0.88	0.89	0.91	0.88	0.89	0.91
	水资源开发利用率有序度	0.69	0.68	0.66	0.69	0.68	0.65
	子系统有序度	0.78	0.78	0.78	0.78	0.78	0.78
生态环境系统	废物水排放量有序度	0.65	0.57	0.70	0.65	0.57	0.70
	生态环境供水保证率有序度	0.63	0.25	0.06	0.88	0.63	0.38
	子系统有序度	0.64	0.41	0.38	0.76	0.60	0.54
水资源复合系统有序度		0.31	0.36	0.37	0.27	0.33	0.35

表 5.20　　2030 年配置方案集水资源复合系统有序度计算结果

子系统	序参量有序度	方案一	方案二	方案三	方案四	方案五	方案六
经济社会系统	供水综合基尼系数有序度	0.58	0.38	0.13	0.68	0.45	0.30
	供水保证率有序度	0.80	0.77	0.70	0.97	0.92	0.80
	子系统有序度	0.69	0.57	0.41	0.82	0.68	0.55
水资源系统	供水量有序度	0.85	0.87	0.90	0.85	0.88	0.90
	水资源开发利用率有序度	0.70	0.67	0.64	0.69	0.66	0.64
	子系统有序度	0.77	0.77	0.77	0.77	0.77	0.77
生态环境系统	废物水排放量有序度	0.72	0.57	0.84	0.80	0.62	0.95
	生态环境供水保证率有序度	0.63	0.25	0.06	0.88	0.50	0.38
	子系统有序度	0.67	0.41	0.45	0.84	0.56	0.66
水资源复合系统有序度		0.29	0.34	0.36	0.23	0.31	0.32

方案一是"以水定产、走自律式外延发展"道路，在保守来水条件下，对应经济社会高速发展和强化节水，在确保流域基本农田总量控制的基础上，加大农业节水和退地力度，全力支持工业的跨越式发展，且 2020 年和 2030 年用水总量完全控制在三条红线用水总量控制指标内，在特枯年份缺水率相对较小，且主要为农业缺水，开源投资最小，既可保证经济社会快速发展，又可节约大量水资源，从而避免生态环境用水被国民经济发展用水大量挤占，对于构建人水和谐的水生态文明社会十分有利，且在偏保守的来水条件下，水资源系统-经济社会系统-生态环境系统协同有序发展程度最高。因此，在平枯水平年和外调水难度较大时，方案一是优先推荐方案。

方案二是"以水定产、走内涵式发展"道路，在保守来水条件下，对应经济社会适度发展和强化节水，考虑到农业节水退地的艰难性，采用适度节水和退地模式，且 2020 年和 2030 年用水总量完全控制在三条红线用水总量控制指标内，在特枯年份缺水率相对较大，调水规模达到 14.9 亿 m^3，但调水工程调水管线投资大、涉及的问题和利益十分复杂，运行管理和维护难度大，且节水力度较大，开源投资较大，而经济发展水平适度，当地财政补偿负担过重，在偏保守的来水条件下，水资源系统-经济社会系统-生态环境系统协同有序发展程度适中。因此，对于决策者而言，在平枯水平年和外调水难度较大且近期退地难度较大时，方案二是次优先推荐方案。

方案三是“近期走内涵式发展，远期走自律式发展”道路，在保守来水条件下，对应经济社会高速发展和适度节水，加大农业节水和退地力度，全力支持工业的跨越式发展，2020 年突破三条红线用水总量控制指标，但完全控制在《新疆水资源平衡论证》的指标内，2030 年完全按照当地三条红线控制指标，但是由于节水力度较小，在特枯年份缺水率相对较大，调水规模达到 17.42 亿 m^3，开源投资较大，生态环境用水被国民经济发展用水大量挤占，不利于构建人水和谐的水生态文明社会，在偏保守的来水条件下，水资源系统-经济社会系统-生态环境系统协同有序发展程度较低。因此，对于决策者而言，方案三不作为优先推荐方案。

方案四、五、六分别与方案一、二、三发展模式类似，只是基于偏理想来水条件，近期、远期水平年水资源系统-经济社会系统-生态环境系统协同有序发展程度都普遍比保守来水条件偏高，对决策者而言在丰水年或具有外调水源的平枯水平年，方案四是优先推荐方案；方案五对于对决策者而言在丰水年或具有外调水源的平枯水平年且近期农业退地难度较大时可作为次优先推荐方案，方案六不作为优先推荐方案。

5.5 推荐方案配置结果分析

5.5.1 水资源系统平衡分析

5.5.1.1 耗水总量平衡分析

在 $P=50\%$ 条件下，2020 年阿克苏河流域耗水总量为 65.7 亿 m^3，叶尔羌河流域耗水总量为 75.19 亿 m^3，和田流河域耗水总量为 45.13 亿 m^3，开都—孔雀河流域耗水总量为 39.42 亿 m^3；2030 年阿克苏河流域耗水总量为 64.47 亿 m^3，叶尔羌河流域耗水总量为 75.03 亿 m^3，和田河流域耗水总量为 45.82 亿 m^3，开都—孔雀河流域耗水总量为 39.24 亿 m^3；满足水资源系统流域间耗水总量平衡要求，实现了源流区在水资源二元演化模式下，不导致下游塔里木河干流水资源系统恶化所允许的上游总耗水量。

5.5.1.2　地下水采补平衡分析

塔里木河流域地下水主要由地表水转化入渗补给，其中河道渗漏补给量约占总补给量的38.6%，灌区转化补给量（渠系渗漏补给、田间入渗补给、井灌回归补给、库塘渗漏补给）占总补给量的53.7%，而地下水山前侧向和降水入渗补给量仅占总补给量的7.7%；规划水平年随着阿克苏河流域、和田河流域、叶尔羌河流域和开都—孔雀河流域上游修建山区水库、流域内部产业结构调整、农田灌溉方式改变和退地还水等措施的实施，造成未来水资源开发利用格局的改变，未来塔里木河流域河道渗漏补给量呈增加趋势，灌区补给量呈减少趋势，而山前侧向和降水入渗补给基本保持不变，通过水资源优化配置模型和地下水模型耦合计算得到规划水平年推荐方案水资源优化配置结果下的地下水可开采量，规划水平年塔里木河流域地下水可开采量呈减少趋势，规划水平年地下水供水量在可开采量合理范围内（表5.21）。

表5.21　　规划水平年推荐方案地下水计算结果

水平年	流域分区	各项占总补给量比例/%			总补给量/万 m^3	地下水可开采量/万 m^3
		河道渗漏	灌区入渗	侧向-降水		
基准年	阿克苏河流域	29.1	60.1	10.8	319900	127960
	叶尔羌河流域	30.3	65.3	4.4	363800	101864
	和田河流域	36.7	51.1	12.2	160000	89600
	开都—孔雀河流域	40.5	49.2	10.4	175400	85946
	塔里木河干流区	76.5	21.5	2.0	158800	28584
	小计	38.6	53.7	7.7	1177900	433954
2020年	阿克苏河流域	37.8	51.4	10.8	167250	66900
	叶尔羌河流域	43.5	52.1	4.4	288571	80800
	和田河流域	42.4	45.4	12.2	120714	67600
	开都—孔雀河流域	50.4	39.3	10.4	208163	102000
	塔里木河干流区	79.3	18.7	2.0	17778	3200
	小计	44.7	46.9	8.4	802477	320500

续表

水平年	流域分区	各项占总补给量比例/%			总补给量/万 m^3	地下水可开采量/万 m^3
		河道渗漏	灌区入渗	侧向-降水		
2030 年	阿克苏河流域	42.1	47.1	10.8	169250	67700
	叶尔羌河流域	50.1	45.5	4.4	248214	69500
	和田河流域	45.3	42.5	12.2	120536	67500
	开都—孔雀河流域	55.4	34.3	10.4	192653	94400
	塔里木河干流区	80.8	17.2	2.0	17778	3200
	小计	49.6	41.8	8.6	748431	302300

5.5.2 经济社会系统平衡分析

5.5.2.1 供需平衡分析

基准年塔里木河流域源流区和干流区表现出不同类型的缺水性质，源流区主要是资源型缺水和工程型缺水并存，干流区主要表现为资源型缺水。推荐方案 2020 年、2030 年供需平衡分析结果显示：2020 年、2030 年塔里木河流域需水量分别为 177.47 亿 m^3、170.86 亿 m^3，多年平均缺水率分别为 1.16%、0.99%（表 5.22 和表 5.23），且主要集中在农业缺水。特枯年份虽然仍有一定程度的缺水，但是缺水率与基准年相比，有明显的下降趋势。从供水结构上，地表水、地下水供水比例随着未来水平年逐渐下降，再生水供水比例逐渐上升。

从整体来看，规划水平年塔里木河流域通过新增蓄水、引提水、污水处理及再生水回用工程，提高了多水源的协同供水效率。水资源配置方案从供水方面，严格遵守“水十条”对再生水用水量的约束，加大了回用水供给力度；从用水方面，优化了各行业的用水结构，降低了农业用水比重，工业及生活用水比重有所增加，体现了多行业协同需水配置思想；从供水效益的角度来看，供水量能够满足塔里木河流域不同保证率下的用水需求，通过农业大力度的节水退地以支撑工业的跨越式发展，同时强化节水方式使得挤占生态环境的水资源得以退还，生态环境状况得到很大改善，此外，将回用水供给部分农业、工业和生态用水，既节约了常规水源供水量，又减少了废污水对生态环境的污染与破坏，方案兼顾了社会效益、经济效益及生态效益，体现了水资源子系统与各行业间的协同供需水配置思路。具体见表5.22和表5.23。

表5.22 2020年推荐方案水资源供需平衡结果

流域分区	保证率	需水量/亿m³	按水源供给量/亿m³				按用户用水量/亿m³				缺水量/亿m³	缺水率/%
			地表水	地下水	再生水	小计	生活	工业	农业	小计		
阿克苏河流域	P=50%	55.44	51.43	3.07	0.40	54.89	1.10	1.35	52.44	54.89	0.55	0.99
	P=75%	55.44	49.72	3.34	0.41	53.47	1.10	1.35	51.02	53.47	1.97	3.56
	P=95%	55.44	48.44	3.64	0.41	52.49	1.10	1.35	50.05	52.49	2.95	5.31
	多年平均	55.44	51.86	3.04	0.38	55.27	1.10	1.35	52.82	55.27	0.17	0.31
叶尔羌河流域	P=50%	54.28	48.62	4.56	0.14	53.32	1.71	0.49	51.13	53.32	0.96	1.76
	P=75%	54.28	46.54	4.96	0.15	51.65	1.71	0.49	49.45	51.65	2.63	4.84
	P=95%	54.28	44.98	5.41	0.15	50.54	1.71	0.49	48.35	50.54	3.74	6.88
	多年平均	54.28	49.14	4.51	0.14	53.79	1.71	0.49	51.59	53.79	0.49	0.90
和田河流域	P=50%	28.18	23.54	4.03	0.13	27.70	1.15	0.44	26.11	27.70	0.48	1.69
	P=75%	28.18	22.58	4.39	0.13	27.10	1.15	0.44	25.51	27.10	1.08	3.83
	P=95%	28.18	21.85	4.79	0.13	26.77	1.15	0.44	25.18	26.77	1.40	4.98
	多年平均	28.18	23.78	3.99	0.12	27.90	1.15	0.44	26.31	27.90	0.28	0.99
开都—孔雀河流域	P=50%	27.98	19.95	5.96	1.29	27.20	0.94	4.41	21.84	27.20	0.78	2.80
	P=75%	27.98	18.95	6.49	1.33	26.77	0.94	4.41	21.41	26.77	1.22	4.34
	P=95%	27.98	18.20	7.08	1.35	26.63	0.94	4.41	21.28	26.63	1.35	4.83
	多年平均	27.98	20.20	5.90	1.23	27.33	0.94	4.41	21.97	27.33	0.65	2.33
塔里木河干流	P=50%	11.59	10.62	0.26	0.14	11.02	0.19	0.48	10.35	11.02	0.57	4.91
	P=75%	11.59	10.15	0.29	0.14	10.58	0.19	0.48	9.91	10.58	1.01	8.72
	P=95%	11.59	9.80	0.31	0.15	10.26	0.19	0.48	9.59	10.26	1.33	11.51
	多年平均	11.59	10.74	0.26	0.13	11.13	0.19	0.48	10.46	11.13	0.46	3.98
合计	P=50%	177.47	154.17	17.88	2.10	174.14	5.09	7.17	161.88	174.14	3.33	1.88
	P=75%	177.47	147.94	19.47	2.16	169.56	5.09	7.17	157.30	169.56	7.91	4.46
	P=95%	177.47	143.26	21.24	2.19	166.70	5.09	7.17	154.44	166.70	10.77	6.07
	多年平均	177.47	155.72	17.70	2.00	175.42	5.09	7.17	163.16	175.42	2.05	1.16

表 5.23　　　　2030 年推荐方案水资源供需平衡结果

流域分区	保证率	需水量/亿 m^3	按水源供给量/亿 m^3				按用户用水量/亿 m^3				缺水量/亿 m^3	缺水率/%
			地表水	地下水	再生水	小计	生活	工业	农业	小计		
阿克苏河流域	$P=50\%$	52.96	48.64	2.80	0.82	52.26	1.44	2.79	48.02	52.26	0.70	1.32
	$P=75\%$	52.96	47.00	3.05	0.84	50.89	1.44	2.79	46.66	50.89	2.07	3.91
	$P=95\%$	52.96	45.77	3.33	0.86	49.96	1.44	2.79	45.72	49.96	3.01	5.68
	多年平均	52.96	49.06	2.77	0.78	52.61	1.44	2.79	48.37	52.61	0.36	0.67
叶尔羌河流域	$P=50\%$	52.01	46.47	4.16	0.35	50.98	2.35	1.20	47.44	50.98	1.02	1.97
	$P=75\%$	52.01	44.47	4.53	0.36	49.37	2.35	1.20	45.82	49.37	2.64	5.08
	$P=95\%$	52.01	42.97	4.95	0.37	48.29	2.35	1.20	44.74	48.29	3.72	7.15
	多年平均	52.01	46.97	4.12	0.33	51.43	2.35	1.20	47.88	51.43	0.58	1.12
和田河流域	$P=50\%$	25.46	20.99	3.68	0.35	25.03	1.62	1.21	22.19	25.03	0.43	1.68
	$P=75\%$	25.46	20.06	4.01	0.36	24.44	1.62	1.21	21.60	24.44	1.02	4.00
	$P=95\%$	25.46	19.36	4.38	0.37	24.11	1.62	1.21	21.28	24.11	1.34	5.28
	多年平均	25.46	21.22	3.65	0.34	25.21	1.62	1.21	22.37	25.21	0.25	0.98
开都—孔雀河流域	$P=50\%$	29.14	21.27	5.44	1.85	28.56	1.20	6.33	21.03	28.56	0.58	1.98
	$P=75\%$	29.14	20.31	5.93	1.90	28.14	1.20	6.33	20.61	28.14	1.00	3.43
	$P=95\%$	29.14	19.59	6.47	1.94	27.99	1.20	6.33	20.46	27.99	1.15	3.93
	多年平均	29.14	21.51	5.39	1.76	28.66	1.20	6.33	21.13	28.66	0.48	1.65
塔里木河干流	$P=50\%$	11.30	10.66	0.24	0.27	11.17	0.25	0.93	9.99	11.17	0.13	1.14
	$P=75\%$	11.30	10.20	0.26	0.28	10.74	0.25	0.93	9.57	10.74	0.55	4.88
	$P=95\%$	11.30	9.87	0.29	0.28	10.44	0.25	0.93	9.26	10.44	0.86	7.61
	多年平均	11.30	10.77	0.24	0.26	11.26	0.25	0.93	10.09	11.26	0.03	0.28
合计	$P=50\%$	170.86	148.03	16.33	3.64	168.00	6.87	12.46	148.67	168.00	2.86	1.67
	$P=75\%$	170.86	142.05	17.79	3.75	163.58	6.87	12.46	144.25	163.58	7.28	4.26
	$P=95\%$	170.86	137.56	19.40	3.82	160.78	6.87	12.46	141.45	160.78	10.08	5.90
	多年平均	170.86	149.52	16.17	3.47	169.16	6.87	12.46	149.83	169.16	1.70	0.99

5.5.2.2 国民经济耗水平衡分析

对推荐方案规划水平年多年平均情境下的耗水平衡结果进行分析，具体结果见表 5.24。从表中可以看出，到 2020 年，塔里木河流域总需水量为177.47亿m^3，用水总量为175.42亿m^3，耗水总量为133.61亿m^3。其中，生活用水量为5.09亿m^3，生活耗水总量为2.85亿m^3；工业用水总量为7.17亿m^3，工业耗水总量为4.13亿m^3；农业用水量为163.16亿m^3，农业耗水总量为126.64亿m^3。到2030年，塔里木河流域总需水量为170.86亿m^3，用水总量为169.16亿m^3，耗水总量为127.26亿m^3。其中，生活用水量为6.87亿m^3，生活耗水总量为3.39亿m^3；工业用水总量为12.46亿m^3，工业耗水总量为7.51亿m^3；农业用水量为149.83亿m^3，农业耗水总量为116.36亿m^3。规划水平年国民经济耗水量在逐渐降低，补给生态环境的用水量在逐渐提升，水资源复合系统逐渐趋向协同有序的良性循环状态。

表5.24　　推荐方案国民经济耗水量结果分析　　单位：亿m^3

水平年	水资源分区	需水量	用水量				耗水量			
			生活	工业	农业	合计	生活	工业	农业	合计
2020年	阿克苏河流域	55.44	1.10	1.35	52.82	55.27	0.59	0.77	39.62	40.98
	叶尔羌河流域	54.28	1.71	0.49	51.59	53.79	0.96	0.27	41.28	42.51
	和田河流域	28.18	1.15	0.44	26.31	27.90	0.66	0.26	19.99	20.91
	开都—孔雀河流域	27.98	0.94	4.41	21.97	27.32	0.57	2.56	17.80	20.92
	塔里木河干流	11.59	0.19	0.48	10.46	11.13	0.08	0.27	7.95	8.30
	合计	177.47	5.09	7.17	163.16	175.42	2.85	4.13	126.64	133.61
2030年	阿克苏河流域	52.96	1.44	2.79	48.37	52.60	0.71	1.70	36.28	38.69
	叶尔羌河流域	52.01	2.35	1.20	47.88	51.43	1.15	0.72	38.30	40.17
	和田河流域	25.46	1.62	1.21	22.37	25.20	0.75	0.73	17.00	18.48
	开都—孔雀河流域	29.14	1.20	6.33	21.13	28.66	0.68	3.80	17.11	21.60
	塔里木河干流	11.30	0.25	0.93	10.09	11.27	0.10	0.56	7.67	8.33
	合计	170.86	6.87	12.46	149.83	169.16	3.39	7.51	116.36	127.26

根据推荐方案，塔里木河流域生活耗水系数由基准年的0.66下降为2030年的0.49；工业耗水系数由基准年的0.46上升为2030年的0.60；农业耗水系数由基准年的0.70上升为2030年的0.78；综合耗水系数由基准年的0.68上升为2030年的0.76。体现了规划水平年国民经济用水

效率在逐渐提升。具体水资源分区不同水平年耗水系数见表5.25。

表5.25 不同水平年塔里木河流域耗水系数对比分析结果

流域分区	生活			工业			农业			综合		
	基准年	2020年	2030年	基准年	2020年	2030年	基准年	2020年	2030年	基准年	2020年	2030年
阿克苏河流域	0.59	0.54	0.49	0.5	0.57	0.61	0.65	0.72	0.75	0.64	0.71	0.73
叶尔羌河流域	0.71	0.56	0.49	0.5	0.56	0.60	0.72	0.77	0.80	0.71	0.76	0.79
和田河流域	0.72	0.57	0.46	0.46	0.59	0.60	0.69	0.73	0.76	0.67	0.72	0.74
开都—孔雀河流域	0.64	0.60	0.57	0.45	0.58	0.60	0.76	0.78	0.81	0.71	0.75	0.76
塔里木河干流	0.42	0.41	0.40	0.46	0.56	0.61	0.66	0.73	0.76	0.64	0.72	0.74
合计	0.66	0.56	0.49	0.46	0.58	0.60	0.70	0.75	0.78	0.68	0.74	0.76

2030年塔里木河流域工业耗水比例由基准年的0.8%提高到5.90%，生活耗水比例由基准年的1.50%提高到2.66%，农业耗水比例由基准年的97.70%下降到91.43%。体现了规划水平年国民经济内部耗水结构逐渐趋于合理化，由产出效率低的高耗水行业农业向产出效率高的低耗水产业工业转变，具体见表5.26。

表5.26 塔里木河流域国民经济不同行业耗水比例结果

流域分区	生活			工业			农业		
	基准年	2020年	2030年	基准年	2020年	2030年	基准年	2020年	2030年
阿克苏河流域	1.10%	1.44%	1.83%	0.60%	1.88%	4.40%	98.30%	96.68%	93.77%
叶尔羌河流域	1.40%	2.25%	2.87%	0.20%	0.64%	1.79%	98.40%	97.11%	95.34%
和田河流域	2.30%	3.14%	4.04%	0.30%	1.24%	3.94%	97.40%	95.62%	92.02%
开都—孔雀河流域	1.70%	2.71%	3.17%	3.00%	12.23%	17.59%	95.20%	85.06%	79.25%
塔里木河干流	0.60%	0.93%	1.19%	0.90%	3.22%	6.78%	98.50%	95.85%	92.03%
合计	1.50%	2.13%	2.66%	0.80%	3.09%	5.90%	97.70%	94.78%	91.43%

5.5.2.3　水土平衡分析

推荐方案2020年塔里木河流域农田灌溉面积退减到2476.3万亩，较2015年退减473.1万亩，其中节水灌溉面积将达到1899.7万亩，相对2015年新增1171.9万亩；2030年农田灌溉面积退减到2327.7万亩，较2015年退减621.7万亩，其中节水灌溉面积将达到2003.6万亩，相对2015年新增1275.7万亩。通过对塔里木河流域不同水平年水资源可利用量与农田灌溉面积的洛伦茨曲线对比分析显示：基准年塔里木河流域水资源分布-土地面积洛伦茨曲线距离公平曲线相对更远些，随着未来水平年的优化配置，水土平衡洛伦茨曲线越来越趋近于公平曲线，说明水土资源匹配程度逐渐增强（图5.15）。

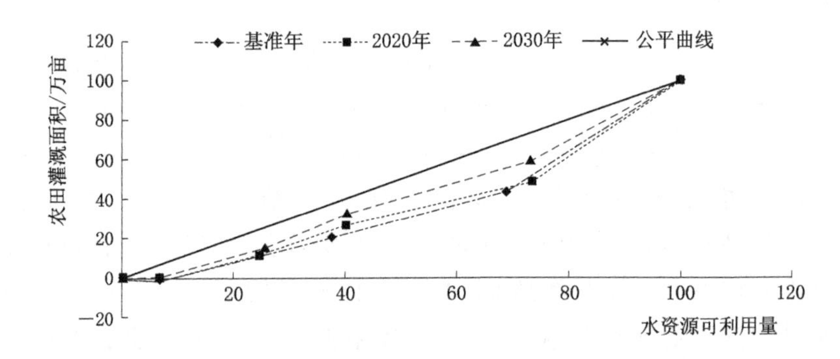

图5.15　塔里木河流域水土平衡洛伦茨曲线

5.5.3　生态环境系统平衡分析

5.5.3.1　关键河道控制断面下泄量平衡分析

由图5.16～图5.19可以看出，2020年、2030年塔里木河流域主要控制断面（$P=50\%$）河道下泄量偏大的月份主要集中在6—10月，正好与植被种子成熟、萌发期（一般为每年的8—9月）相一致时，输水的生态效应达到最大且都满足生态环境供水保证率要求。

5.5.3.2　水盐平衡分析

现状年塔里木河流域灌区土壤盐渍化较为严重的区域主要分布在阿克苏河流域、开都—孔雀河流域和塔里木河干流三个流域的中下游河道沿线附近，一方面由于无序引水过量，另一方面加之缺乏完善的灌排措施，未充分进行淋洗。规划水平年在水资源配置中根据灌区的

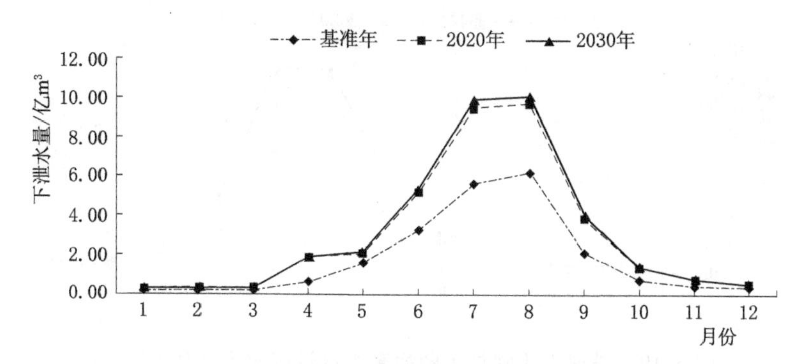

图 5.16 阿克苏河流域拦河闸断面下泄水量过程线图（$P=50\%$）

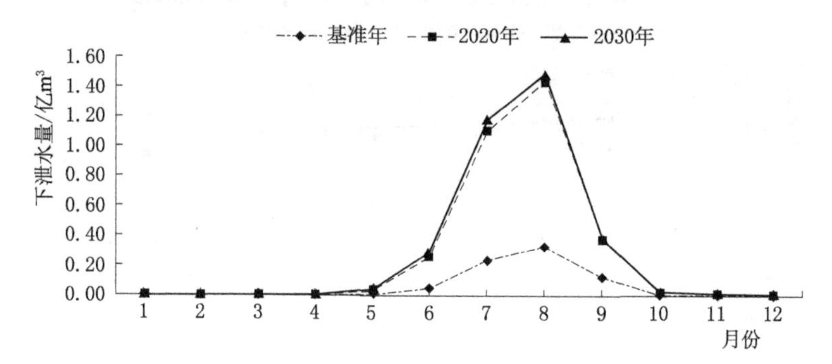

图 5.17 叶尔羌河流域黑尼亚孜断面下泄水量过程线图（$P=50\%$）

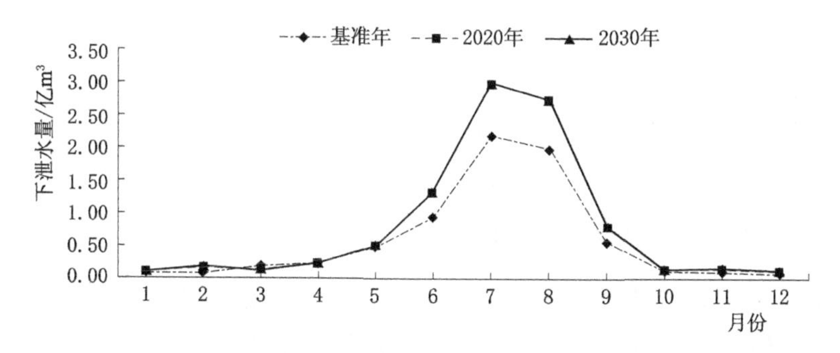

图 5.18 和田河流域肖塔断面下泄水量过程线图（$P=50\%$）

基本性质（渠灌区、井灌区和渠井双灌区）通过灌排结合和合理地下水的开发利用，有效地低地下水位与减少潜水无效蒸发量。根据水资源配置计算结果显示：未来水平年塔里木河流域灌区排灌比在逐渐降低，基本都保持在5%～30%合理的排灌指标阈值内（图 5.20）。

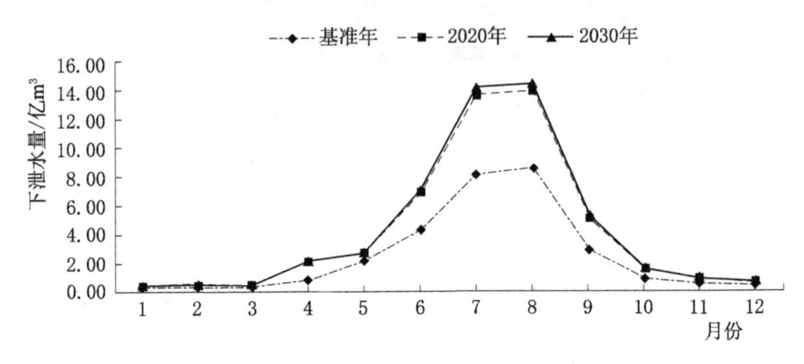

图 5.19　塔河干流阿拉尔断面来水量过程线图（$P=50\%$）

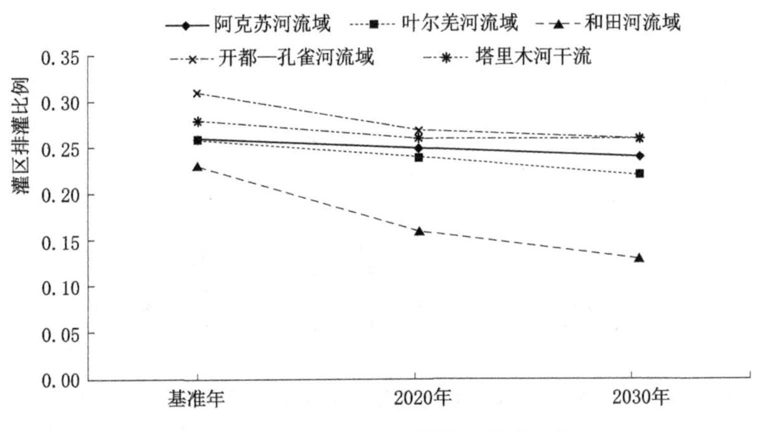

图 5.20　塔里木河流域灌区排灌比例

5.6　保障措施

5.6.1　调整产业结构和优化产业布局

塔里木河流域产业用水结构与水资源短缺的现状不适应，GDP 以第二产业和第三产业为主，但用水主要集中在效益较低的农业，因此，必须合理调整产业结构，优化产业区域布局，逐渐降低第一产业比重，增加第二产业和第三产业比重。结合地方特点，发展区域优势产业，将塔里木河流域建成以能源转运、商品进出口、银行服务业为中心的西部开放前沿阵地；以能源化工、重型装备、纺织加工等为基础的现代工业圈；适宜规模的商品棉、特色林果生产与加工为核心的现代化高效绿洲农业经济带；走向印度洋面向中西南亚的中巴、中塔经济走廊与多民族融合的国家安全“稳定池”。逐步改善农业种植结构，加大“退地、减水、增效”和推广节水灌溉措施力度，大力提高用水效率和效益，抑制不合理的水资源需求和低效益需求，使经济发展模式、用水结构及规模与当地水资源条件相吻合。使产业布局与资源环境承载能力相适应，提高水资源利用效率和效益，使有限的水资源支撑更大的发展规模。

5.6.2 加快源流区控制性水利枢纽工程建设

从根本上解决塔里木河流域水资源时空分布不均衡状况，须加快修建山区控制性水库枢纽工程，通过水库的调蓄作用，将塔里木河流域各河流来水和夏季洪水拦蓄在蒸发量小的山区充分利用，改善和调节水资源时空分布不均衡状况，提高防洪和水资源利用能力，提高各业供水保障能力。在现状条件下，工程调控和取用水监测措施缺乏，导致流域取用水长期处于无序开发的混沌状态，灌溉引水不受调控地疯狂增长，流域内大部分中小河流已被引用消耗殆尽，“三条红线”用水总量控制难以落实。同时，源流区汛期来水存在较大的时间差，缺乏工程调控导致各源流难以在塔里木河干流阿拉尔断面处形成“组合同步、集中下泄”的输水格局与过程，大大降低了有限水资源对脆弱生态的保护与修复效果。因此，流域要加强山区控制性水利枢纽水库的综合调控能力。

5.6.3 兵团建设部署应与长期退地退水相结合

退地退水至维持合理的灌溉规模，是塔里木河流域发展与保护的必然出路。但从实际看又面临着巨大挑战，垦殖大户的土地开发大多与政府部门建立有投资协议关系，退地退水可能使后者面临赔偿的问题。新疆兵团作为“稳定器、大熔炉和示范区”，在新形势下继续依托农业垦殖的建设模式与塔里木河流域的水资源形势不符。建议根据不同区域水土开发利用和生态环境状况，因地制宜扩建团场，将垦殖大户的现有灌溉地转化为新扩团场的灌溉地，鼓励或要求垦殖大户作为兵团的固定力量留在当地发展，既解决新建及扩建团场需增加兵团人口及相应农地需求，同时解决退地退水问题，严防灌溉面积进一步扩张。

5.6.4 加大外调水工程前期工作投入

2030年以前是立足于塔里木河本流域进行水资源配置，流域内三生用水比较紧张，且在1956—2000年的来水条件下，塔里木河流域水资源-经济社会-生态环境复合系统的协同有序发展需要农业大力度节水退地实现，要想彻底解决流域生态问题，改善流域目前用水紧张局面，解决外流域调水的远景研究是必要的。

第6章　结论与展望

6.1　主要结论

盐渍化和荒漠化，已成为我国西北内陆区所面临的最突出、最尖锐、最难解决的资源环境问题。针对西北内陆区发展与保护中的特殊性，立足于山水林田湖草是一个生命共同体的理念，基于新时期治水方针，从节水优先、空间均衡的角度，构建西北内陆区水资源-经济社会-生态环境系统多维协同配置模型，为实现西北内陆区水资源-经济社会-生态环境系统多个维度上满足“六大平衡”（即耗水总量、地下水采补、水量、水土、水生态和水盐的平衡）要求提供一种全新的模型工具，给出相应的水资源多维协同配置技术框架及多重循环迭代算法，为研究和规划西北内陆区水资源多维协同配置并以支撑可持续发展与生态平衡、健康稳定提供一种较完备的技术路线图，最后在塔里木河流域进行了应用研究，为塔里木河流域推荐出一套面向水资源-经济社会-生态环境复合系统有序化演化的多维协同配置方案，具体结论如下：

（1）系统探讨西北内陆区水资源-经济社会-生态环境系统多维协同配置关键技术并构建相应的技术框架。基于可持续发展理论、协同论及优化配置理论，阐述水资源多维协同配置的基本概念、内涵及配置原则，厘清“多维性”和“协同性”在水资源优化配置中的具体体现，进一步分析和探讨水资源多维协同配置关键技术；基于西北内陆区水资源-经济社会-生态环境复合系统耦合作用关系，定量刻画多维协同配置关键控制参量和序参量，提出多维协同配置概念模型，最终科学构建水资源多维协同配置技术框架。

（2）构建西北内陆区水资源-经济社会-生态环境多维协同配置模型系统。基于水资源多维协同配置技术框架，构建水资源多维协同配置模型，该模型由控制参量预测模块、优化配置模块和有序度评价模块三部分组成，以优化配置模块为核心，以控制参量和序参量为抓手，以多重循环耦合迭代技术为手段，以预测模块的控制参量为主要输入变量，将各子系统序参量融入水资源配置目标函数及约束条件中，以水资源-经济社会-生态环境复合系统的有序演化为总目标，运用有序度协同各序参量时空分布，通过模型多重循环耦合迭代计算，实现系统协同作用，使各子系统、各种构成要素围绕系统的总目标产生协同放大作用，最终达到系统高效协同状态，实现水资源-经济社会-生态环境复合系统的协同有序发展。

1）控制参量预测模块。根据西北内陆区水资源复合系统特点，并考虑区域地表水、地下水的动态变化，研究提出水资源、经济社会、生态环境三大系统关键控制参量的预测分析。基于 M－K 法对地表水径流量进行趋势分析，进而利用构建的 GA－BP 模型对未来水平年地表水径流进行预测，利用地下水均衡模型与配置模型的动态耦合，定量刻画和模拟不同水资源开发利用模式下地下水可开采量，生成水资源系统供给侧控制参量。经济社会系统和生态环境系统控制参量的预测主要采用指标定额的需求预测法。

2）优化配置模块。基于流域/区域/计算单元的“自然-社会”二元水循环过程调控，涉及水资源、社会、经济、生态、环境等多目标的决策问题，将水资源系统、经济社会系统和生态环境系统作为有机整体，由目标函数、决策变量和约束条件等组成，运用运筹学原理在优化配置模块牵引下实现水资源在不同时空尺度（流域/区域/计算单元，年/月）、不同水源、不同行业等多个维度上满足水资源-经济社会-生态环境协同配置要求的多重循环迭代计算。

3）有序度评价模块。为合理评价多种水资源配置方案的优劣，根据协同学原理中的序参量和有序度，对水资源系统、经济社会系统、生态环境系统各设置了一正一负的序参量指标，给出了阈值范围和有序度的计算公式，构建了基于协同学原理的有序度评价模型，对流域水资源优化配置方案集进行评价和筛选。

（3）塔里木河流域复合系统问题识别。根据塔里木河流域自然地理、经济社会、现状年水资源开发利用概况及复合系统演变情况，识别塔里木河流域现状年存在的基本问题。从水资源系统演变分析显示，源流区山区来水量呈现较大幅度的增加趋势，而源流区下泄至塔里木河干流的水量却变化不显著，有些反而呈现下降趋势，造成这种现象的根本原因是人类活动改变了流域天然水循环的途径和机制，社会水循环通量的增强是造成干流地表水径流量减少的根本原因。经济社会系统演变分析显示，塔里木河流域人口、经济和耕地面积存在显著扩张趋势。生态环境系统演变分析显示，塔里木河流域的生态系统演变主要为“两扩大，四缩小”，即流域上游灌溉绿洲面积和下游沙漠面积的扩大，而处于两者之间的过渡带：林地、草地、自然水域和生物栖息地在不断缩小，且生态绿洲面积破碎化加强。结论：气候变化驱动西北内陆区水资源系统出山口径流量的增加，而经济社会系统耕地面积大规模无序扩张导致水资源系统消耗的水资源量远远超过经济社会系统节水灌溉所节约的水资源量，迫使生态环境系统所需的水资源量被大量挤占，从而导致生态环境系统失衡和恶性演变。

（4）塔里木河流域水资源-经济社会-生态环境系统多维协同配置。基于塔里木河流域系统诊断和未来发展目标和用水需求，设置水资源配置不同组合方案，利用所构建的模型和研发的计算方法，通过长系列逐月调节计算和对比分析，获得水资源多维协同配置推荐方案。

1）控制参量预测分析。水资源系统控制参量预测结果：2001—2030年源流区地表水径流量比1956—2000年偏丰7.8%，气候变化加剧了塔里木河流域水循环过程的复杂性和水资源的不安全性。经济社会系统控制参量预测结果：

方案一：2020年生活和工业需水相对2015年分别增加了1.60亿m^3、4.38亿m^3，农业需水相对2015年减少了60.94亿m^3；2030年生活和工业需水相对2015年分别增加了3.38亿m^3、9.67亿m^3，农业需水相对2015年减少了74.62亿m^3。

方案二：2020年生活和工业需水相对2015年分别增加了1.29亿m^3、2.52亿m^3，农业需水相对2015年减少了56.05亿m^3；2030年生活和工业需水相对2015年分别增加了2.70亿m^3、4.27亿m^3，农业需水相对2015年减少了62.98亿m^3。

方案三：2020年生活和工业需水相对2015年分别增加了1.75亿m^3、5.50亿m^3，农业需水相对2015年减少了53.97亿m^3；2030年生活和工业需水相对2015年分别增加了3.81亿m^3、14.73亿m^3，农业需水相对2015年减少了69.38亿m^3。

2）方案集配置结果分析。在相同需水方案下，来水偏理想（2001—2030年）系列明显比偏保守（1956—2000年）系列缺水率小，即方案四缺水率＜方案一、方案五缺水率＜方案二、方案六缺水率＜方案三；在相同来水系列下，需水高方案缺水率明显比需水低方案大，尤其是在偏枯和特枯水平年该现象更为显著，即：方案一缺水率＜方案二＜方案三、方案四缺水率＜方案五＜方案六。系统有序度评价结果显示：方案四＞方案一＞方案五＞方案六＞方案二＞方案三，基于保守考虑，本书推荐方案一为优先推荐方案。

3）推荐方案结果显示。在保守来水系列（1956—2000年）条件下，2030年多年平均需水总量为170.86亿m^3，多年平均供水总量为169.16亿m^3（其中，地表水供水量为149.52亿m^3、地下水供水量为16.17亿m^3、再生水供水量为3.47亿m^3），多年平均用水总量为169.16亿m^3（其中，生活用水量为6.87亿m^3、工业用水量为12.46亿m^3、农业用水量为149.83亿m^3），缺水总量为1.7亿m^3，缺水率为0.99%。到2030年，塔里木河流域实现累计新增节水灌溉面积为1275.7万亩，累计退减农田灌溉面积为621.7万亩，累计退减国民经济用水量为74.62亿m^3，可实现水资源-经济社会-生态环境复合系统有序良性演化和高效协同状态。

6.2 主要创新点

（1）提出了西北内陆区水资源-经济社会-生态环境系统多维协同配置关键技术及技术框架。基于水资源多维协同配置理论基础，系统阐述“多维性”和“协同性”在水资源优化配置中的具体体现，提出水资源多维协同配置关键技术；基于西北内陆区水资源-经济社会-生态环境系统耦合作用关系，确定协同调控关键序参量和控制参量，构建水资源多维协同配置技术框架。

（2）构建了西北内陆区水资源-经济社会-生态环境系统多维协同配置模型系统。基于水资源多维协同配置技术框架，构建水资源多维协同配置模型，该模型由控制参量预测模块、优化配置模块和有序度评价模块三部分组成，以优化配置模块为核心，以控制参量和序参量为抓手，以多重循环耦合迭代技术为手段，以预测模块的控制参量为主要输入变量，将各子系统序参量融入水资源配置目标函数及约束条件中，以水资源-经济社会-生态环境复合系统的有序演化为总目标，运用有序度协同各序参量时空分布，通过模型多重循环耦合迭代计算，实现系统协同作用，使各子系统、各种构成要素围绕系统的总目标产生协同放大作用，最终达到系统高效协同状态，实现水资源-经济社会-生态环境复合系统的协同有序发展。

（3）从水资源系统、经济社会系统和生态环境系统三个角度，提出三大系统序参量“六大平衡”多维协同配置的耦合调控算法。水资源多维协同配置在水资源系统中以流域为单元进行调控，调控流域分区耗水总量平衡、地下水采补平衡问题，保证维持河道下游经济社会和生态环境用水要求；在经济社会系统中，以行政分区为单元进行调控，调控行政区供需平衡、水土平衡问题，保证国民经济与生态环境之间的协调、健康和可持续发展；在生态环境系统中，以河道关键控制断面和灌区为单元进行调控，调控河道关键控制断面水生态平衡、灌区排灌水盐平衡问题，确保良性的“二元”水循环与友好的生态环境响应，即所谓的人水和谐。

6.3 展望

本次研究的水资源-经济社会-生态环境系统多维协同配置模型系统，重点考虑了复合系统在不同时空尺度（流域/区域/计算单元，年/月）、不同水源、不同行业等多个维度上满足“六大平衡”（耗水总量、地下水采补、水量、水土、水生态和水盐）的调控关系，存在一定的局限性。在人类社会发展的过程中，所处的复合系统涉及范围广泛，是一个开放的、复杂的循环系统，要将协同论应用于水资源复合系统所涉及的各个环节，仍需进行大量的研究工作，具体研究方向主要涉及以下几点：

（1）在水资源协同配置过程中，对生态补偿机制有待考量。本次研究充分考虑了不同区域的资源环境承载能力，体现了“以水定城、以水定产”的发展理念，但对于生态补偿问题没有做进一步考虑。在今后的研究中，有待全面考虑社会、经济、生态效益之间的补偿机制，进一步促进区域之间的协同发展。

(2) 在水资源协同配置过程中，对“低碳”发展有待深入研究。由于时间问题，本次研究从供水侧仅研究了多水源协同供水，没有考虑不同水源供水的碳排放过程，从需水侧仅研究了不同子系统协同需水，没有考虑各子系统在发展过程中的碳排放和碳捕获过程。未来在水资源协同配置研究中，可对碳水耦合机制做深入研究，从削减碳排放和增强碳捕获两方面协同调控，进一步体现水资源的生态价值，促进西北内陆区水资源系统的可持续发展。

(3) 拓展流域实践，加强水资源-经济社会-生态环境系统多维协同配置模型的实践应用性。水资源-经济社会-生态环境系统多维协同配置模型在塔里木河流域成功应用，为塔里木河流域规划水平年给出了一套促进水资源-经济社会-生态环境系统协同发展的水资源配置方案，并从产业结构调整、工程规划布局等方面提出了相应的参考方案。但由于不同地区所面对的经济社会及水资源条件有所差异，在水资源配置和调控过程中，尚需要结合流域的实际特点及具体配置目标对调控过程做适当调整。

附　　录

附表 1　　模型变量含义一览表

变量名称	含　　义	变量名称	含　　义
XZSC	河流地表水供城镇生活水量	XZTE	再生回用水供生态水量
XZSI	河流地表水供工业水量	XZTV	再生水供农村生态供水量
XZSA	河流地表水供农业水量	XZMC	城镇生活缺水量
XZSE	河流地表水供生态水量	XZMI	工业缺水量
XZSR	河流地表水供农村生活水量	XZMA	农业缺水量
XZGC	地下水供城镇生活水量	XZME	城镇生态缺水量
XZGI	地下水供工业水量	XZMR	农村生活缺水量
XZGA	地下水供农业水量	XZTR	污水处理回用水量
XZGE	地下水共生态水量	XML	湖泊缺水量
XZGR	地下水供农业水量	XCSC	地表水供城镇生活水量
XZSFC	当地可利用水供城镇生活水量	XCDE	外调水供生态水量
XZSFI	当地可利用水供工业水量	XCDR	外调水供农村生活水量
XZSFA	当地可利用水供农业水量	XCPC	提水供城镇生活水量
XZSFE	当地可利用水供生态水量	XCPI	提水供工业水量
XZSFR	当地可利用水供农村生活水量	XCPA	提水供农业水量
XZDC	外调水供城镇生活水量	XCPE	提水供生态水量
XZDI	外调水供工业水量	XCPR	提水供农村生活水量
XZDA	外调水供农业水量	XZSN	河网调蓄水量
XZDE	外调水供生态水量	XZSNA	河网槽蓄水供农业水量
XZDR	外调水供农村生活水量	XZSNO	河网调蓄后泄水量
XZGV	地下水供农村生态供水量	XCSRC	地表水渠道渠道供城镇生活水量
XZTI	再生回用水供工业水量	XCSRI	地表水渠道渠道供工业水量
XZTA	再生回用水供农业水量	XCSRA	地表水渠道供农业水量

续表

变量名称	含　义	变量名称	含　义
XCSRE	地表水渠道供生态水量	XRSLO	水库渗漏损失
XCSRR	地表水渠道供农村生活水量	XCSI	地表水供工业水量
XCDRC	外调水渠道供城镇生活水量	XCSA	地表水供农业水量
XCDRI	外调水渠道供工业水量	XCSE	地表水供生态水量
XCDRA	外调水渠道供农业水量	XCSR	地表水供农村生活水量
XCDRE	外调水渠道供生态水量	XCSV	地表水供农村生态供水量
XCDRR	外调水渠道供农村生活水量	XCDC	外调水供城镇生活水量
XCPRC	提水渠道供城镇生活水量	XCDI	外调水供工业水量
XCPRI	提水渠道供工业水量	XCDA	外调水供农业水量
XCPRA	提水渠道供农业水量	XCDV	外调水供农村生态供水量
XCPRE	提水渠道供生态水量	XRELO	水库蒸发损失
XCPRR	提水渠道供农村生活水量	XRSA	水库水面面积
XZSO	节点退水量	XCSRK	地表水渠道供湖泊水量
XRSV	水库蓄水库容	XCDRK	外调水渠道供湖泊水量
XCSRL	地表水渠道供水量	XQTS	污水处理量
XCDRL	外调水渠道供水量	XRQ	河道过流量
XCPRL	提水渠道供水量		

附表 2　　模型参数含义一览表

参数名称	含　义	参数名称	含　义
PZWC	城镇生活毛需水量	PCSCA	灌溉水有效利用系数
PZWI	工业毛需水量	PCSCE	城镇生态供水有效利用系数
PZWE	城镇生态毛需水量	PCSCR	农村生活供水有效利用系数
PZWA	农业毛需水量	PZTCD	城镇生活污水排放率
PZWR	农村生活毛需水量	PZTID	工业污水排放率
PCSC	河流渠道有效利用系数	PWRA	灌溉水补给河道系数
PWSF	计算单元未控径流	PRSF	水库入流量
PCSCC	城镇生活供水有效利用系数	PZGW	年地下水可利用量
PCSCI	工业供水有效利用系数	PRSLO	水库月渗漏损失系数

续表

参数名称	含　义	参数名称	含　义
PRELO	水库月水面蒸发系数	PZWL	湖泊、湿地期望补水量
PNSF	节点入流量	PRSL	水库死库容
PWSFC	计算单元未控径流系数	PRSU	水库最大库容
PZGTU	时段地下水开采上限系数	PCSL	河道最小流量
PZTCT	城镇生活污水处理率	PCSU	河道过流能力
PZTCR	城镇生活污水回用率	PQD	外调水可供水量
PZTIT	工业污水处理率	PQT	再生水可供水量
PZTIR	工业污水回用率		

附表 3　　模型集合含义一览表

集合名称	含　义	集合名称	含　义
n	所有水库、节点及计算单元	lr (l)	河道
u (n)	上游元素集合	lo (l)	排水渠道
d (n)	下游元素集合	lk (n)	所有湖泊、湿地
nd (n)	渠道、工程节点	l (n，n)	连接上下游的河流渠道
ls (l)	地表水渠道	tm (t)	计算时段、月份
ld (l)	外调水渠道	ir (i)	蓄水工程
lp (l)	提水渠道	j (n)	所有计算单元

参 考 文 献

[1] 李云玲，张敏秋，赵宁. 西北诸河区水资源开发利用问题思考与建议 [J]. 人民黄河，2011 (12)：48-50.

[2] 赵勇. 西北诸河区水资源综合规划概要 [J]. 中国水利，2011 (23)：127-129.

[3] SHEN Y，LI S，CHEN Y，et al. Estimation of regional irrigation water requirement and water supply risk in the arid region of Northwestern China 1989—2010 [J]. Agricultural Water Management，2013，128：55-64.

[4] GUO Q，FENG Q，LI J. Environmental changes after ecological water conveyance in the lower reaches of Heihe River，northwest China [J]. Environ Geol.，2009，58：1387-1396.

[5] 李佩成. 咸海萎缩原因、后果、对策及启示 [Z]. 杨凌：西北农业大学，1989.

[6] 姚一平，瓦哈甫·哈力克，伏吉芮. 西北干旱区绿洲沙漠化与盐渍化驱动力分析——以于田绿洲为例 [J]. 黑龙江大学自然科学学报，2015 (4)：519-525.

[7] 邓铭江. 破解内陆干旱区水资源紧缺问题的关键举措——新疆干旱区水问题发展趋势与调控策略 [J]. 中国水利，2018 (6)：14-17.

[8] 陈亚宁，李宝富，李稚，等. 西北干旱区水资源形成、转化与水安全研究（英文）[J]. Journal of Geographical Sciences，2016，26 (7)：939-952.

[9] 侯景伟. ACA 与 RS，GIS 耦合的水资源空间优化配置 [D]. 南京：河海大学，2012.

[10] MAASS A，HUFSCHMIDT M M，DORFMAN R，et al. Design of water resource systems [M]. Cambridge：Harvard University Press，1962.

[11] 赵鸣雁，程春田，李刚. 水库群系统优化调度新进展 [J]. 水文，2005 (6)：18-23.

[12] 李雪萍. 国内外水资源配置研究概述 [J]. 海河水利，2002 (5)：13-15.

[13] 杜文堂. 地下水与地表水联合调度若干问题的探讨 [J]. 工程勘察，2000，10 (2)：8-11.

[14] MARKS D H. A new method for the realtime operation of reservoir systems [J]. Water Resources Research，1971，23 (7)：1376-1390.

[15] COHON J. Multi-objective programming and planning [M]. Dover：Dover Publications，1974.

[16] HAIMES Y Y，HALL W A. Multi-objectives inwater resources systems analysis：the surrogate worth trade off method [J]. Water Resources Research，1975，10 (4)：615-624.

[17] 吴清源. 天津市城市水资源大系统排水规划和优化调度的协调模型 [D]. 天津：天津大学，1996.

[18] PEARSON D，WALSH P D. The Derivation and Use of Control Curves for the Re-

gional Allocation of Water Resources [J] . Water Resources Research, 1982 (7): 907 - 912.

[19] ROMIJN E, TAMIGAM. Multi - objective optimal allocation of water resources [J]. Journal of Water Resources Planning and Management, ASCE, 1982, 108 (1): 133 - 143.

[20] WILLIS R, LIU P. Optimization model for groundwater planning [J]. Journal of Water Resources Planning and Management, ASCE, 1984, 110 (3): 333 - 347.

[21] DUDLEY N, HOWELL D, MUSGREAVE W. Optimal inter seasonal irrigation water allocation [J]. Water Resources Research, 1971, 7 (4): 283 - 297.

[22] Resources, Water Natural. Water allocation plan for the River Murray prescribed watercourse [R]. Department of Environment, Water and Natural Resources (DEWNR), 2002.

[23] KUMAR Arun. MINOCHA Vijay K. Fuzzy Optimization Model for Water Quality management of a Fiver System [J]. Journal of Water Resources Planning Management. 1999. 25 (3): 179 - 180.

[24] AFZAL J, NOBLE D H. Optimization model for alternative use of different quality irrigation waters [J]. Journal of Irrigation and Drainage Engineering, 1992, 118 (2): 218 - 228.

[25] FLEMING R A, ADAMS R M, KIM C S. Regulating groundwater pollution: effects of geo - physical response assumptions on economic efficiency [J]. Water Resources Research, 1995, 31 (4): 1069 - 1076.

[26] PERCIA C, ORON G, MEHREZ A. Optimal operation of regional system with diverse water quality sources [J]. Journal of Water Resources Planning and Management, ASCE, 1997, 123 (2): 105 - 115.

[27] TEWEI D, JOHN W L. River basin network model for integrated water quantity/quality management [J]. Journal of Water Resoueces Planning and Management, ASCE, 2001, 127 (5): 295 - 305.

[28] PERERA B J C, JAMES B, KULARATHNA M D U. Computer software tool REALM for sustaiimble water allocation and management [J]. Journal of Environmental Management, 2005, 77 (4): 291 - 300.

[29] SETHI L N, PANDA S N, NAYAK M K. Optimal crop planning and water resources allocation in a coastal groundwater basin, Orissa, India [J]. Agricultural Water Management, 2006, 83 (3): 209 - 220.

[30] ABOLPOUR B, JAVAN M, KARAMOUZ M. Water allocation improvement in river basin using adaptive neural fiizzy reinforcement learning approach [J]. Applied soft computing, 2007, 7 (1): 265 - 285.

[31] ZAMAN A M, MALANO H M, DAVIDSON B. An integrated water trading - allocation model, applied to a water market in AustraIia [J]. Agricultural water management, 2009, 96 (1): 149 - 159.

[32] DE LANGE W J, WISE R M, FORSYTH G G, et al. Integrating socio - economic and biophysical data to support water allocations within river basins: An example from the Inkomati Water Management Area in South Africa [J]. Environmental Modelling

& Software，2010，25（1）：43－50.

[33] MINSKER B S，PADERA B，SMALLEY J B. Efficient Methods for Including Uncertainty and Multiple Objectives in Water Resources Management Models Using Genetic Algorithms [M]. Alberta：International Conference on Computational Methods in Water Resources，Calgary，2000：25－29.

[34] ROSEGRANT M W，RINGLER C，MCKINNEY D C，et al. Integrated economic－hydrologic water modeling at the basin scale：The Maipo River basin [J]. Agricultural economics，2000，24（1）：33－46.

[35] MAHAN R C，HORBULYK T M，ROWSE J G. Market mechanisms and the efficient allocation of surface water resources in southern Alberta [J]. Socio－Economic Planning Sciences，2002，36（1）：25－49.

[36] KRALISCH S，FINK M，FLÜGEL W A，et al. A neural network approach for the optimization of watershed management [J]. Environmental Modelling & Software，2003，18（8）：815－823.

[37] WANG K，FANG L，HIPEL K W. Basin－wide cooperative water resources allocation [J]. European Journal of Operational Research，2008，190（3）：798－817.

[38] KUCUKMEHMETOGLU M. An integrative case study approach between game theory and Pareto frontier concepts for the transboundary water resources allocations [J]. Journal of Hydrology，2012，450：308－319.

[39] 张勇传，李福生，熊斯毅，等. 变向探索法及其在水库优化调度中的应用 [J]. 水力发电学报，1982（2）：1－10.

[40] 董子敖，闫建生，尚忠昌，等. 改变约束法和国民经济效益最大准则在水电站水库优化调度中的应用 [J]. 水力发电学报，1983（2）：1－11.

[41] 马光文，颜竹丘. 水电站群补偿调节的递阶控制——关联平衡法 [J]. 水力发电学报，1987（4）：7－16.

[42] 胡振鹏，冯尚友. 综合利用水库防洪与兴利矛盾的多目标风险分析 [J]. 武汉水利电力学院学报，1989（1）：71－79.

[43] 华士乾. 水资源系统分析指南 [M]. 北京：水利电力出版社，1988.

[44] 邵东国，贺新春，黄显峰. 基于净效益最大的水资源优化配置模型与方法 [J]. 水利学报，2005，36（9）：1050－1056.

[45] 沈振荣，张瑜芳，杨诗秀，等. 水资源科学实验与研究——大气水、地表水、土壤水、地下水相互转化关系 [M]. 北京：中国科学技术出版社，1992.

[46] 许新宜，王浩，甘泓，等. 华北地区宏观经济水资源规划理论与方法 [M]. 郑州：黄河水利出版社，1997.

[47] 甘泓，尹明万. 河北省邯郸市水资源规划管理决策支持系统应用研究 [R]. 北京：中国水利水电科学研究院，1998.

[48] 冯尚友. 水资源系统工程 [M]. 武汉：湖北科学技术出版社，1991.

[49] 刘健民，张世法，刘恒. 京津唐水资源系统供水规划和调度优化的递阶模型 [J]. 水科学进展，1993，4（2）：98－105.

[50] 尹明万，谢新民，王浩，等. 安阳市水资源配置系统方案研究 [J]. 中国水利，2003，14：14－16.

[51] 王浩，陈敏建，秦大庸．西北地区水资源合理配置和承载能力研究 [M]．郑州：黄河水利出版社，2003.

[52] 王忠静，翁文斌，马宏志．干旱内陆区水资源可持续利用规划方法研究 [J]．清华大学学报（自然科学版），1998 (1)：35-38，60.

[53] 谢新民，秦大庸，于福亮，等．宁夏水资源优化配置模型与方案分析 [J]．中国水利水电科学研究院学报，2000 (1)：16-26.

[54] 谢新民，赵文骏，裴源生，等．宁夏水资源优化配置与可持续利用战略研究 [M]．郑州：黄河水利出版社，2002.

[55] 杨小柳，刘戈力，甘泓．新疆经济发展与水资源合理配置及承载能力研究 [M]．郑州：黄河水利出版社，2003.

[56] 赵勇，陆垂裕，肖伟华．广义水资源合理配置研究（Ⅱ）——模型 [J]．水利学报，2007，38 (2)：163-170.

[57] 蒋云钟，赵红莉，甘治国，等．基于蒸腾蒸发量指标的水资源合理配置方法 [J]．水利学报，2008，39 (6)：720-725.

[58] 周祖昊，王浩，秦大庸，等．基于广义 *ET* 的水资源与水环境综合规划研究 Ⅰ——理论 [J]．水利学报，2009，40 (9)：1025-1032.

[59] 刘丙军，陈晓宏．基于协同学原理的流域水资源合理配置模型和方法 [J]．水利学报，2009，40 (1)：60-66.

[60] 李爱花，李原园，郦建强．水资源与经济社会及生态环境协同发展 [J]．人民长江，2011，42 (18)：117-121.

[61] 周念清，赵露，沈新平．基于协同学理论评价湘江流域水资源系统适应性 [J]．人民长江，2012，43 (24)：9-12.

[62] 雷洪成，黄本胜，邱静，等．基于协同学原理的水资源配置综合评价 [J]．广东水利水电，2017 (3)：1-5.

[63] 周翔南．水资源多维协同配置模型及应用 [D]．北京：中国水利水电科学研究院，2015.

[64] 张偲葭．京津冀区域协同发展的水资源配置研究 [D]．哈尔滨：哈尔滨工业大学，2016.

[65] 申晓晶．基于协同论的水资源配置模型及应用 [D]．北京：中国水利水电科学研究院，2018.

[66] 蕾切尔·卡逊 (Rachel Carson)．寂静的春天 [M]．北京：科学出版社，1979.

[67] 世界环境与发展委员会．我们共同的未来 [M]．长春：吉林人民出版社，1997.

[68] 桂慕文．人类社会协同论对生态、经济、社会三个系统若干问题的研究 [M]．南昌：江西人民出版社，2001.

[69] 王浩，刘家宏．国家水资源与经济社会系统协同配置探讨 [J]．中国水利，2016 (17)：7-9.

[70] 王浩，贾仰文．变化中的流域"自然-社会"二元水循环理论与研究方法 [J]．水利学报，2016，47 (10)：1219-1226.

[71] 魏传江．水资源配置中的生态耗水系统分析 [J]．中国水利水电科学研究院学报，2006 (4)：282-286.

[72] 胡祖光．基尼系数理论最佳值及其简易计算公式研究 [J]．经济研究，2004，9：60-69.

[73] 王泽平. 基于GA-BP与多隐层BP网络模型的水质预测及比较分析 [J]. 水资源与水工程学报，2013，24 (3)：154-160.

[74] 胡安焱. 干旱地区内陆河的水文生态特征及其水资源的合理开发利用研究——以塔里木河为例 [D]. 西安：长安大学，2003.

[75] 司书红，朱高峰，苏永红. 西北内陆河流域的水循环特征及生态学意义 [J]. 干旱区资源与环境，2010，24 (9)：37-44.

[76] 陈敏建，王浩，王芳. 内陆干旱区水分驱动的生态演变机理 [J]. 生态学报，2004 (10)：2108-2114.

[77] 史峰，王小川，郁磊，等. Matlab神经网络30个案例分析 [M]. 北京：北京航空航天大学出版社，2010.

[78] 张德丰. Matlab神经网络应用设计 [M]. 北京：机械工业出版社，2009.

[79] 张军民. 干旱区内陆河水文循环二元分化生态效应研究——以新疆玛纳斯河为例 [J]. 水利经济，2006 (6)：1-2，22，85.

[80] 张一驰，于静洁，乔茂云，等. 黑河流域生态输水对下游植被变化影响研究 [J]. 水利学报，2011 (7)：757-765.

[81] HALL A，ROOD，S，HIGGINS，P. 2011. Resizing a river：a downscaled，seasonal flow regime promotes riparian restoration [J]. Restoration Ecology. 19 (3)：351-359.

[82] 黄粤，包安明，王士飞，等. 间歇性输水影响下的2001—2011年塔里木河下游生态环境变化 [J]. 地理学报，2013 (9)：1251-1262.

[83] 陈亚宁，李卫红，陈亚鹏，等. 塔里木河下游断流河道输水的生态响应与生态修复 [J]. 干旱区研究，2006 (4)：521-530.

[84] 徐海量，叶茂，李吉玫. 塔里木河下游输水后地下水动态变化及天然植被的生态响应 [J]. 自然科学进展，2007 (4)：460-470.

[85] 陈亚宁，李卫红，徐海量，等. 塔里木河下游地下水位对植被的影响 [J]. 地理学报，2003 (4)：542-549.

[86] 徐海量，陈亚宁，杨戈. 塔里木河下游生态输水对植被和地下水位的影响 [J]. 环境科学，2003 (4)：18-22.

[87] LI J，YU B，ZHAO C，et al. Physiological and morphological responses of Tamarix ramosissima and Populus euphratica to altered groundwater availability [J]. Tree Physiology，2013，33 (1)：57-68.

[88] 陈亚宁，张宏锋，李卫红，等. 新疆塔里木河下游物种多样性变化与地下水位的关系 [J]. 地球科学进展，2005 (2)：158-165.

[89] 邓铭江，王志杰，王姣妍. 巴尔喀什湖生态水位演变分析及调控对策 [J]. 水利学报，2011 (4)：403-413.

[90] 钟瑞森，郝丽娜，包安明，等. 干旱内陆河灌区地下水位调控措施及其效应 [J]. 水力发电学报，2012 (4)：65-71.

[91] 刘桂林，艾里西尔·库尔班，艾尔肯·艾白不拉，等. 塔里木河下游生态输水后植被景观格局动态变化研究 [J]. 冰川冻土，2012 (1)：161-168.

[92] 邓潮洲，张希明，李利，等. 河道输水对塔里木河下游胡杨生长状况的影响 [J]. 中国沙漠，2010 (2)：312-318.

[93] 婁溥礼．土壤积盐与地下水关系的分析 [J]．水利学报，1964 (3)：1-12.
[94] 董新光，邓铭江，周金龙，等．论新疆平原灌区土壤盐碱化与水资源开发 [J]．灌溉排水学报，2005 (5)：14-17.
[95] 胡顺军，艾尼瓦尔·吾买尔，田长彦，等．渭干河平原绿洲灌区合理灌排比探讨 [J]．水土保持学报，2001 (1)：23-26.
[96] 杨劲松，陈小兵，周宏飞．新疆塔里木灌区水盐问题研究 [J]．中国地质灾害与防治学报，2007 (2)：69-73，77.
[97] 罗家熊，等．新疆垦区盐碱地改良 [M]．北京：水利电力出版社，1985：124-136.
[98] 汪党献．水资源需求分析理论与方法研究 [D]．北京：中国水利水电科学研究院，2002.
[99] 刘俊萍，畅明琦．径向基函数神经网络需水预测研究 [J]．水文，2007 (5)：12-15.
[100] 张灵，陈晓宏，刘青娥．基于 IEA 的需水预测投影寻踪模型研究 [J]．灌溉排水学报，2008 (1)：73-76.
[101] 王艳菊，王珏，吴泽宁，等．基于灰色关联分析的支持向量机需水预测研究 [J]．节水灌溉，2010 (10)：49-52.
[102] 沈大军，王浩，杨小柳，等．工业用水的数量经济分析 [J]．水利学报，2000 (8)：27-31.
[103] 沈大军，陈雯，罗健萍．城镇居民生活用水的计量经济学分析与应用实例 [J]．水利学报，2006 (5)：593-597.
[104] 马永亮，邹春静，孙卿，等．基于系统动力学的崇明岛生态需水量预测 [J]．生态学杂志，2008 (1)：140-144.
[105] HAMED K H. Exact distribution of the Mann-Kendall trend test statistic for persistent data [J]. Hydrology，2009 (1)：86-94.
[106] ZHANG Q，XU C Y，TAO H，et al. Climate changes and their impacts on water resources in the arid regions：a case study of the Tarim River Basin，China [J]. Stochastic Environmental Research and Risk Assessment，2009 (24)：349-358.
[107] XU Z X，TAKEUCHI K，ISHIDAIRA H. Monotonic trend and step changes in Japanese precipitation [J]. Journal of Hydrology，2003，279 (1-4)：144-150.
[108] 刘叶玲，翟晓丽，郑爱勤．关中盆地降水量变化趋势的 Mann-Kendall 分析 [J]．人民黄河，2012，34 (2)：28-33.
[109] 王鹏全．金昌市水库群联合供水优化调度研究 [D]．兰州：兰州理工大学，2016.
[110] 傅荟璇，赵红．Matlab 神经网络应用设计 [M]．北京：机械工业出版社，2009.
[111] 方创琳．区域可持续发展与水资源优化配置研究——以西北干旱区柴达木盆地为例 [J]．自然资源学报．2001 (4)：341-347.
[112] 游进军，薛小妮，牛存稳．水量水质联合调控思路与研究进展 [J]．水利水电技术，2010，41 (11)：7-10.
[113] 牛存稳，贾仰文，王浩，等．黄河流域水量水质综合模拟与评价 [J]．人民黄河，2007，29 (11)：58-60.
[114] 张守平，魏传江，王浩，等．流域/区域水量质联合配置研究Ⅱ：实例应用 [J]．水利学报，2014，45 (8)：938-948.
[115] 游进军，甘泓．水资源系统模拟技术与方法 [M]．北京：中国水利水电出版

社，2013.
[116] 严登华，秦天玲，王浩，等. 基于低碳发展模式的水资源合理配置［M］. 北京：科学出版社，2014.
[117] （德）哈肯（Haken H.）. 协同学［M］. 上海：上海译文出版社，2005.